蜜袋鼯與飛鼠的飼養法

U0038448

了解牠們的飲食・居住・相處方式及醫學知識

三輪珍奇動物醫院院長 三輪恭嗣・監修　大野瑞繪・著　井川俊彥・攝影
獸醫師公會全國聯合會 理事長 江世明・中文版審定　賴純如・譯

目次

INDEX

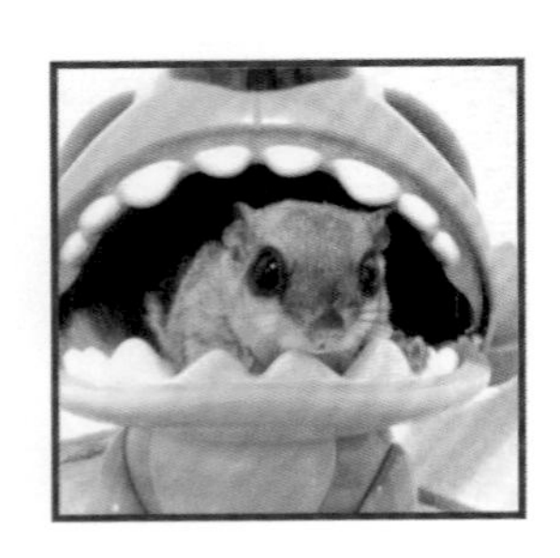

我們是蜜袋鼯！

Sugar Glider

總是想要膩在一起。

會用大大的眼睛望著你。

爬樹只是小意思！

我們是美南飛鼠！

Southern Flying Squirrel

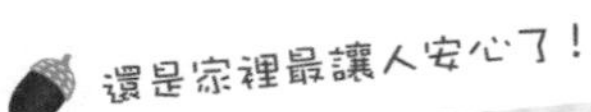
還是家裡最讓人安心了！

什麼？發現可疑物品！

呼～休息一下。

呀！嚇我一跳！

兩者可稱為飛鼠喔！

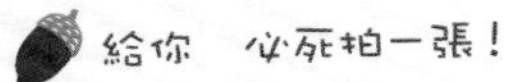

你會聽我說話吧？

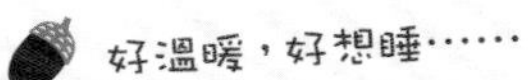

啊！真好吃！

前言

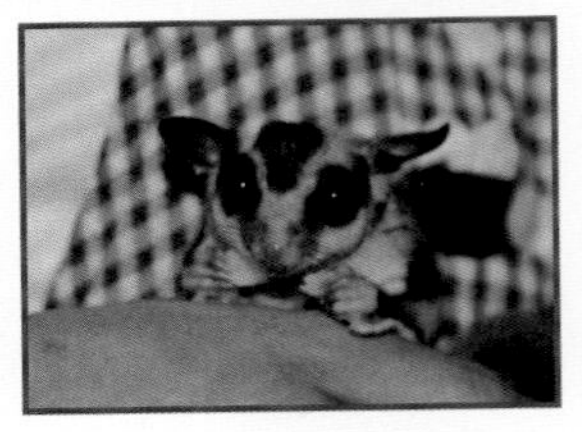

圓滾滾的大眼睛、可愛的容貌、在夜晚的森林中凌空滑翔的神秘感——飛鼠不可思議的魅力是無法用一句話就表達清楚的。雖然剛開始的警戒心較強，需要費心照顧，但等到建立起信賴關係後，就能體會至高無上的幸福。從小開始養起，還可以感受到手中沉重的生命觸感。
飛鼠作為寵物的歷史並不長，還有很多不為人知的地方。本書是由擔任獸醫師的三輪恭嗣先生監修，並且在各位飼主的大力幫忙下，刊載了許多到目前為止所知的最佳資訊。請以本書為參考，找出適合你家飛鼠個性的飼養方法吧！越是看過越多資訊，就越能營造出適合飛鼠的環境，我想這一點是不會錯的。
希望本書能讓你的飛鼠更健康，有助於你和飛鼠建立更親密的關係。

本書主要介紹的飛鼠是蜜袋鼯與美南飛鼠，而在目前日本規定無法新行購入飼養的西伯利亞小鼯鼠方面，也介紹了在飼養上必須知道的相關資訊。
有袋類的飛鼠（蜜袋鼯）和齧齒目的飛鼠（美南飛鼠、西伯利亞小鼯鼠）雖然是種類完全不同的動物，但在飼養時的心理準備及健康管理的重點上卻有許多共通點。在兩者共通的頁數上，會於下方標記蜜袋鼯與美南飛鼠的圖示，只要看圖示就能清楚這是介紹哪種飛鼠的資訊了，敬請多加參考。

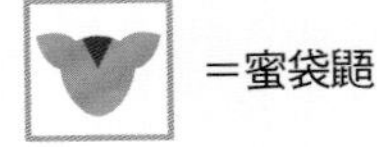

＝蜜袋鼯

＝美南飛鼠
（一部分包含了西伯利亞小鼯鼠）

related species of sugar glider & flying squirrel

第 1 章

飛鼠的夥伴們

sugar glider
蜜袋鼯
Petaurus breviceps

分布：新幾內亞島、俾斯麥群島、澳洲北部及東部。

只要有食物，就能居住在任何溫暖的森林及熱帶多雨林中。特別喜歡尤加利樹和洋槐樹。以小群體的方式生活，叫聲和氣味則是重要的溝通工具。整年皆可繁殖，但依照棲息地的不同，6～11月（因為是在南半球，所以是冬季）為繁殖季節。體型大小請參照第145頁。

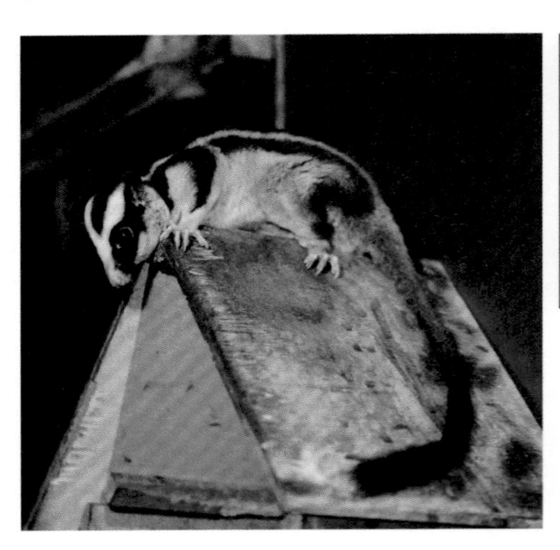

striped possum
條紋袋貂
Dactylopsila trivirgata

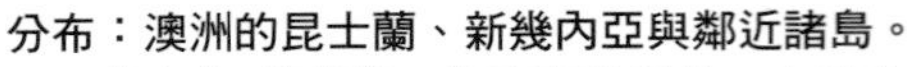

分布：澳洲的昆士蘭、新幾內亞與鄰近諸島。

背上有3條條紋。為夜行性動物，白天會在以葉子做成的巢中休息。成熟雄貂會在樹洞中單獨生活，母貂則會與幼貂一起生活。經常會吃螞蟻、蜜蜂、白蟻等昆蟲類。會用長長的無名指、長舌頭和往前突出的門牙從樹木裂縫中鉤出昆蟲。頭身平均長26.3cm，尾長32.5cm，平均體重為423g。

美南飛鼠

蜜袋鼯
圖示說明

koala

無尾熊

Phascolarctos cinereus

分布：棲息在澳洲東部、昆士蘭北部至維多利亞西南部。

只吃尤加利葉而聞名，但在600種的尤加利樹中，特別喜歡的只有十幾種而已。牠的肝臟可分解尤加利葉的毒性，並於長達3m的盲腸中進行消化。母的在2歲、公的在4歲時就會性成熟，一次會生下1～2隻幼熊。幼熊會吃母親的未消化便，以繼承其腸內細菌。頭身長72～78cm，體重約5～12kg。

point

什麼是有袋類？

蜜袋鼯是有袋類。雖然與囓齒目的飛鼠在外觀及生活模式上有些地方非常相像，但牠在腹部有一個育兒袋，這一點兩者就完全不一樣。

相對於早期生產、在袋中育兒的有袋類，以胎盤連接母體與胎兒的「有袋類（與單孔目）之外的哺乳類」則稱為「胎盤類」。

據說有袋類和胎盤類在1億年前就已經開始個別演化了。像這種明明是個別演化的，卻因為在相同環境下過著相同生活，而讓外觀越來越相似的過程就稱為「驅同演化」。蜜袋鼯和囓齒目的飛鼠之所以這麼相似，就是「驅同演化」的結果。

有袋類和胎盤類在1億年前還分布於全世界，但如今有袋類的棲息地除了有負鼠棲息的南北美洲之外，只剩下澳洲而已。在被大海隔離的環境下獨自演化，誕生了各種不同類型的有袋類動物。有不同體型大小的（從7g的侏儒負鼠到最大90kg的紅袋鼠）、不同生活圈的（地上性和樹上性）、不同食性的（肉食、昆蟲食、植物食），以及不同袋形的（參照下圖）等等。

各式各樣的袋形

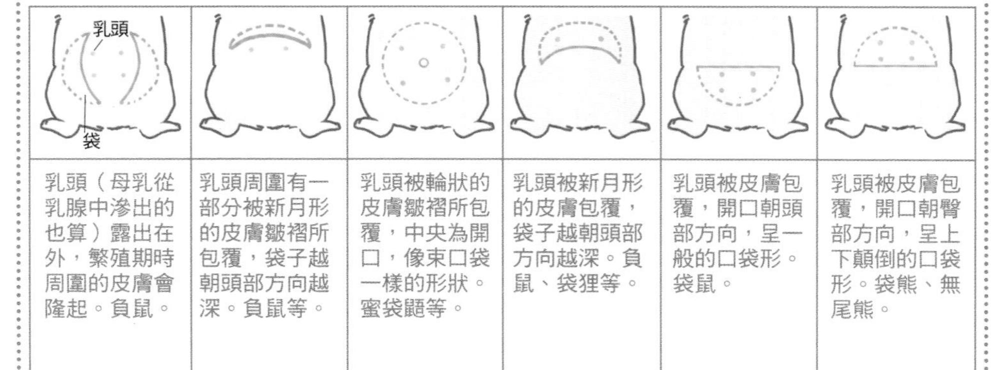

乳頭（母乳從乳腺中滲出的也算）露出在外，繁殖期時周圍的皮膚會隆起。負鼠。	乳頭周圍有一部分被新月形的皮膚皺褶所包覆，袋子越朝頭部方向越深。負鼠等。	乳頭被輪狀的皮膚皺褶所包覆，中央為開口，像束口袋一樣的形狀。蜜袋鼯等。	乳頭被新月形的皮膚包覆，袋子越朝頭部方向越深。負鼠、袋狸等。	乳頭被皮膚包覆，開口朝頭部方向，呈一般的口袋形。袋鼠。	乳頭被皮膚包覆，開口朝臀部方向，呈上下顛倒的口袋形。袋熊、無尾熊。

eastern gray kangaroo
大灰袋鼠
Macropus giganteus

分布：約克角半島西側、南威爾斯、塔斯馬尼亞一部分除外的澳洲東海岸。

棲息於開闊的森林至草原一帶。性二型（雌雄型態不同）的差異很大，雄性的體型是雌性的2～3倍大。群體的約束力並不強，可以自由加入或離開。雄性會為了爭奪發情的雌性而打架。為草食性，以草葉至闊葉樹葉等各種植物為食。體長1.5～1.8m，體重3.5～90 kg。

red-necked wallaby
紅頸袋鼠
Macropus rufogriseus

分布：棲息於澳洲東部、西南部之海岸林中。尤其是昆士蘭、新南威爾斯東北部、塔斯馬尼亞。

頸部和肩部有偏紅色的被毛覆蓋，而得此名。本土的亞種整年皆可繁殖，尤其夏天數量特別多；塔斯馬尼亞島的亞種則大多會在2～3月時生產。以草葉為食，但乾季時也會吃含有水分的植物根部。頭身長92.5～102cm，尾長70～75cm，體重13.8～18.6kg。

攝影協力：埼玉縣兒童動物自然公園（P10～12）

brush-tailed bettong
鼠袋鼠
Bettongia penicillata

分布：西澳州的西南部。

正如其名，是像老鼠一樣的小型袋鼠。棲息於疏林及森林地帶。為夜行性，白天會在用樹皮和葉子細心搭建的圓頂型巢中休息。長長的尾巴也可用來搬運巢材。主要以菌類的子實體（菇類）為食。頭身長30～38cm，尾長29～36cm，體重1.1～1.6kg。

嚙齒目飛鼠的夥伴們

一生當中牙齒會不斷長長的「嚙齒目」動物們，在全哺乳類中佔了將近40%，幾乎全世界都有牠的蹤跡。其生活方式各有不同，有像草原犬鼠一樣在地下挖掘隧道的，也有像海狸一樣在水邊生活的，或是像飛鼠及白頰鼯鼠一樣在樹上生活，並以滑翔作為移動手段的。

嚙齒目從顎部肌肉的生長狀態來看，可以分成「鼠形亞目」、「松鼠亞目」和「豚鼠亞目」3種（依照《動物大百科》）。而飛鼠則被分類為松鼠亞目的松鼠科。花栗鼠和歐亞紅松鼠等都是松鼠的夥伴，海狸、草原犬鼠、土撥鼠等也是松鼠科。飛鼠和白頰鼯鼠的夥伴，在松鼠科中共有13屬36種。飛鼠和白頰鼯鼠都有棲息於日本，特別是白頰鼯鼠，算是在日本很常見的野生動物。

southern flying squirrel 美南飛鼠

Glaucomys volans

分布：加拿大東南部、美國東部、墨西哥至宏都拉斯。

特別喜歡棲息於闊葉樹林中。為夜行性，會在日落後至日出前活動。屬於雜食性，在松鼠科動物中食用動物性食物的比例頗高。一年有2次繁殖期，在南部是12～1月及6～7月。在加拿大和美國，還有棲息一種比美南飛鼠更大的北方飛鼠。體型大小請參照第147頁。

Siberian flying squirrel 西伯利亞小鼯鼠

Pteromys volans

分布：斯堪地納維亞半島至俄羅斯、西伯利亞、北亞一帶。

棲息於樺樹、杉樹或松樹林中。喜歡老舊的樹洞，會在裡面築巢。為草食性，以各種樹木的種子和嫩芽為食；冬天並不會冬眠或貯食。夏天時，背上的被毛是偏黑的灰色，到了冬天則會換成銀灰色的。頭身長12～22.8cm，體重平均為130g。棲息於北海道的蝦夷飛鼠是西伯利亞小鼯鼠的亞種。

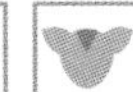

Japanese flying squirrel
日本飛鼠
Pteromys momonga

分布：本州、四國、九州。

日本固有種。棲息於樹木種類較多、海拔較高的森林中（避開與白頰鼯鼠的競爭）。於樹洞中築巢。一年應該有2次繁殖期。以橡樹、櫟樹、鐵杉的葉子和七竈樹的果實等為食。目前對其野生的生態情況尚未清楚。頭身長14～20cm，尾長10～14cm，體重150～200g。

Japanese giant flying squirrel
白頰鼯鼠
Petaurista leucogenys

分布：除了北海道和沖繩之外的日本全國。

棲息於原始林至次生林的森林中。以樹洞為巢，但也會在神社寺廟等的屋頂內築巢。幾乎完全以植物為食，所以盲腸很長。以各種樹木的冬芽、嫩葉、硬葉、種子、針葉樹的雄花、果實、花等為食。另外也以交配後會分泌交配栓塞入雌性陰道內而聞名。頭身長27～48cm，尾長28～41cm，體重700～1300g。

point

有飛膜的動物們

滑翔是要遠距離移動時非常有效的一種手段。可以滑翔的動物並非只有蜜袋鼯、囓齒目的飛鼠和白頰鼯鼠而已，哺乳類中松鼠亞目的鱗尾松鼠（最長可滑行200m遠）、與蜜袋鼯為同類的大袋鼯等也可以滑翔。另外，像鼯猴則擁有極為發達的飛膜。從下顎兩側到前腳指頭、經由後腳趾頭到尾巴末端都連接了飛膜，連指頭之間也有蹼狀薄膜。由於要支撐這樣大的飛膜，所以手腳很長，因此對於爬樹等滑翔之外的動作似乎不太靈光。

攝影協力：東京都恩賜上野動物園（P13～14）

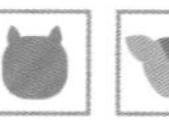

在森林中 緊張又感動的白頰鼯鼠觀察記

接近日落時，巢箱中的白頰鼯鼠稍微把頭探了出來。

一踏進御岳山纜車，天花板就會有白頰鼯鼠出來迎接大家喔！

尋找白頰鼯鼠吃過東西後的「食痕」也是觀察的樂趣之一。

和自家的飛鼠玩遊戲是很快樂，但偶爾也不妨讓牠看家，外出拜訪一下森林吧！就在4月的某一天，我為了要看白頰鼯鼠而前往了御岳山。首先要拜訪御岳遊客中心，請教一下觀察時的祕訣，然後就可以出發了！

白頰鼯鼠開始活動的時間大約是在日落後30分鐘左右。由於天一下子就暗了，要怎麼做才能在黑暗中發現白頰鼯鼠的蹤跡呢？

首先，要趁著天還亮時，尋找白頰鼯鼠留下的痕跡。可以在地上尋找牠在樹上吃過樹葉或果實後掉下來的食痕或糞便，或是先找出白頰鼯鼠居住的巢穴（參照圖片⑥）。

左側樹幹上的樹皮呈毛屑狀，就是白頰鼯鼠降落時的爪痕。

如果不是參加觀察會，建議最好準備貼上紅色玻璃紙的手電筒。

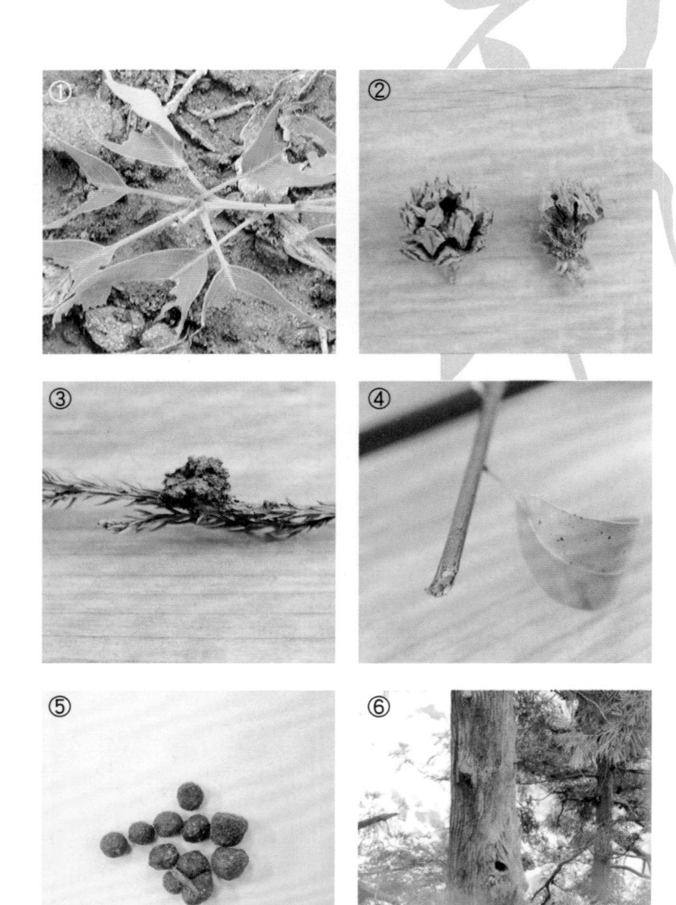

①枹樹的食痕。由於牠會將葉片對折後再吃，因此咬痕是左右對稱的。②杉樹的果實（左）被咬過的痕跡。③杉葉上的蟲癭也會被啃咬。④樹枝被斜向咬斷的模樣。⑤白頰鼯鼠的糞便，直徑約4mm左右。⑥杉樹樹幹上的巢穴。

等天變暗後，只要仔細聆聽，就可以聽見咕嚕嚕……的叫聲、小便的聲音、糞便掉落地上的聲音、爬樹的聲音等等。然後請將五感都沉靜下來，感受一下白頰鼯鼠的氣息吧！這是可以讓人體會身處深山之中的一刻。等到終於親眼看到白頰鼯鼠時，那種心跳加速的感覺，是只有野生動物才能讓人體會的。並非只有「我看到了！」而已，而是會湧上一股感謝之情，感謝大自然接受我們，讓我們能親眼看見牠可愛的模樣。

這次協助取材的御岳遊客中心，每年都會舉辦好幾次「白頰鼯鼠觀察會」。由於一整年都觀察得到白頰鼯鼠，因此就算是沒有舉辦觀察會的時候，也不妨繞到遊客中心，詢問一下觀察地點吧！

另外，除了北海道和沖繩之外，日本全國各地都有白頰鼯鼠棲息，因此請務必造訪一次您的居住地附近的遊客中心或自然中心看

日落後大約1小時。離開巢穴爬到樹上後開始滑翔！感動的一瞬間。

在不會干擾牠們的程度內，以貼了紅色玻璃紙的手電筒來觀察。或許可以看見2顆發亮的眼睛。

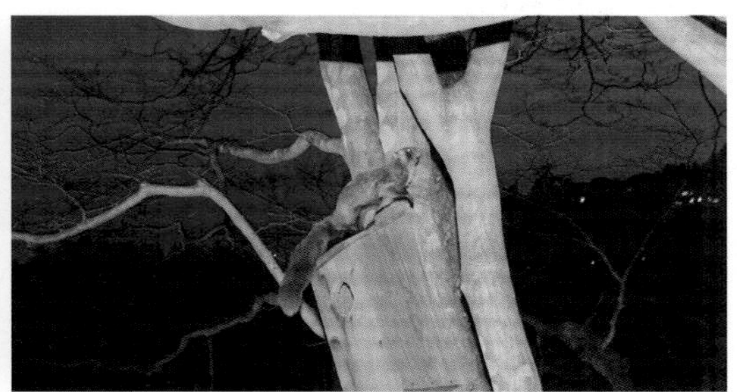

離開巢箱的白頰鼯鼠。之後咕嚕咕嚕……地叫了2次，就移動到更高的地方了。

看。即使同在東京都內，白頰鼯鼠在御岳山和高尾山所吃的食物應該也會不太一樣，到處走走看看也是一種樂趣。

作為寵物的飛鼠原本也是野生動物。藉由觀察白頰鼯鼠，一方面可以感受來到森林中的喜悅，同時也是一個可以重新認識家中飛鼠原有能力的大好機會。

取材協力：御岳遊客中心

地址：東京都青梅市御岳山 38-5　電話：0428-78-9363
URL：http://www2.ocn.ne.jp/~mitakevc/index.html/
開館時間：9：00～16：30
休館日：星期一（遇假日時延至隔天）、年初年終
入館費：免費
交通：JR 青梅線御嶽站下車→往纜車下行的巴士，在終點站下車→御岳山纜車站下車，步行10 分鐘。

飛鼠♥照相館 Part 1

目標是同步率100%！

這顆核桃是我的！

以大膽的睡姿熟睡中。

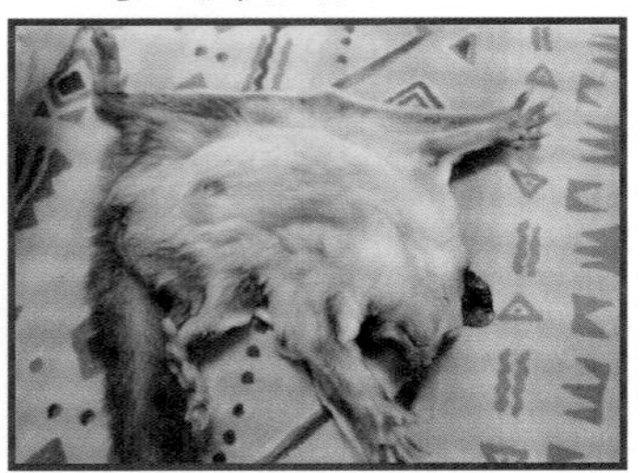

我現在正在整理肚子的毛呢！

讓你瞧瞧我自傲的飛膜。

給你所羅門王的指環。

發現賽錢箱小偷！

人生偶爾也有碰壁的時候。

preparing for your life with sugar glider & flying squirrel

第 2 章
在飼養飛鼠之前

迎接飛鼠之前要考慮的事

真幸福！和飛鼠在一起的每一天

飛鼠具有無可言喻的神秘魅力。圓滾滾的大眼睛超級可愛，在空中飛翔（實際上是「滑翔」）的這種不可思議的行動，也讓人不禁為牠的魅力所傾倒。

把飛鼠當作家中的一分子，與牠生活在一起後，牠可愛的行為舉止不僅讓人離不開眼睛，也會對牠的聰明感到佩服，然後變得越來越喜歡牠吧！

不僅如此，如果能用適當的方法馴服牠的話，還可以建立深刻確實的信賴關係。特別是蜜袋鼯很容易與人親近，有的個體甚至對飼主充滿了愛，無時無刻都想和飼主膩在一起。飛鼠就是這麼有魅力的動物。

你做好覺悟了嗎？和飛鼠一起生活

不管是什麼動物，要長久飼養下去，一定會花費時間和金錢。為了避免開始飼養後才反悔：「我不知道牠原來是這樣的動物！」，必須要事先理解飛鼠這種動物的特徵才行（詳細情形會於第3章之後說明）。

・雖然是小動物，但卻不短命。有的蜜袋鼯可活10年以上，而嚙齒目的飛鼠也大約可活10年左右。

・為夜行性。一到晚上就會變得很活潑，半夜可能會很吵鬧。如果將籠子放在臥室的話，或許會吵得讓人睡不著覺也不一定。

・飲食方面並不是只要餵牠飼料和水就行了。尤其是蜜袋鼯，還得費時費工為牠準備餐點才行。

・不僅要每天照顧清理，籠內和籠子四周也很容易弄髒，還得費工打掃。

・一成不變的環境會讓牠產生壓力。必須要有足夠寬敞的籠子，並且經常留心營造快樂的生活環境。

・夏天和冬天必須進行溫度管理。空調等電費的開銷並不小。

・大多無法進行上廁所的調教，排泄物的味道很讓人傷腦筋。

・「想讓牠在房間裡滑翔」是所有飛鼠飼育者的夢想之一，但如果放牠出來玩的

話，牆壁和窗簾很可能都會沾滿排泄物，必須做好室內的安全對策才行。

・萬一要外出旅行時，或許無法一下子就找到可以照顧牠們的人。

・還未馴服的蜜袋鼯會叫得很大聲。

・因人而異，有些人會覺得蜜袋鼯的體味（臭腺）很難聞。

・蜜袋鼯的社會性很強，原本是群居生活的動物。如果要單獨飼養的話，飼主必須要與牠有良好的溝通交流才行。根據國外飼育書籍的說明，不只是要馴服而已，更重要的是要做出彼此的「牽絆」。

・要馴服飛鼠需要有相當的努力。或許牠會因為害怕等各種理由而咬人，必須要有耐心地慢慢馴服才行。囓齒目的飛鼠普遍具有比蜜袋鼯更難馴服的傾向。

・蜜袋鼯比起囓齒目的飛鼠更容易繁殖，可能會每到繁殖期就會懷孕生產。

・囓齒目的飛鼠很會啃咬東西。巢箱可能會一下子就被咬爛了。

・能夠診療飛鼠的動物醫院並不多，不見得住家附近就有這樣的醫院。

・飛鼠的飼育資訊很少，飼育時所需的專門用品也很難買到，所以飼主必須自行蒐集資訊或ＤＩＹ才行。

・雖然案例並不多，但也有因為飛鼠的皮屑、唾液、尿液等而造成過敏的例子。

獲得家人的理解

如果是與家人同住，最重要的是要獲得家人的理解。就算心想「反正我是養在自己的房間裡，我自己會照顧」，還是會有拜託家人照顧的時候。而且家人也可能會抱怨「味道好重」、「晚上好吵」等等。請務必先獲得家人的理解後再開始飼養。

・小朋友和飛鼠

飛鼠並不適合當作小朋友的寵物。一方面是牠不見得會乖乖地讓人抱在手上，而且尖銳的爪子也可能會刮傷小朋友的皮膚。飼養在家中的飛鼠一旦離開房間，可能會在地板上到處走動，如果有小朋友在家裡跑來跑去是很危險的。另外，由於是夜行性動物，和小朋友的作息時段完全不同。千萬不能為了讓牠和小朋友玩而在白天時段把牠吵醒。

有小朋友的家庭要飼養飛鼠時，請務必由大人來擔任飼育管理的負責人。小朋友和飛鼠的接觸也要在大人的注視下才能進行。

要負責到最後

最重要的，就是要有責任感和愛心，飼養照顧牠到最後一刻。飛鼠雖然是小動物，生命也一樣珍貴。不能因為無法馴服牠、照顧起來很麻煩，就想要棄養牠、丟掉牠。飛鼠也是因為有緣才會來到你的身邊，請務必一直疼愛牠吧！萬一無論如何都無法再繼續飼養時，請負起責任，為牠找一個可以好好照顧牠的新飼主吧！

另一個不能隨便棄養的理由是因為飛鼠是外來物種。作為寵物飼養的飛鼠和日本固有的日本飛鼠或蝦夷飛鼠是不一樣的動物，隨便放生的話會造成生態系統的混亂，因此絕對不能輕易將牠丟棄。

飼養飛鼠時一定要做的事&必備物品

開始飼養飛鼠時，除了籠子等飼育用品之外，還需要各種消耗品，還有因應不同季節所需的物品；萬一要上動物醫院，還得花一筆診療費。關於和飛鼠一起生活時所需的物品和事項，請在此事先做個瞭解並記住吧！

■**初期花費：**購買飛鼠、籠子等飼育設備、飼育用品、飼料等的飼育必需品；還有飼育書籍等的資訊蒐集費用、開始飼養時的健康檢查費用等。如果在意氣味的話，還要加購空氣清淨機等。

■**維持花費：**飼料等食物、寵物尿便墊等日常消耗品。睡床和棲木也要視髒污情況買新的來更換。

■**季節對策：**寵物暖爐或冷卻墊等防寒抗暑的必要用具。空調、除濕機、加濕器等冷暖氣的電費。

■**健康管理：**定期健診、治療費。視必要情況購買營養輔助食品。

■**家中無人時：**因旅行、回老家、出差等情況使得家中無人時，要委託他人照顧。可以找朋友、寵物旅館或寵物保母等。

■**其他：**其他還有許多開銷。如果養在沒有空調的房間就無法管理溫度，因此還得花一筆購買安裝費；萬一要手術的話，治療費也很昂貴。也有些飼主因為不滿意市售的籠子和小布包，乾脆自己DIY的。

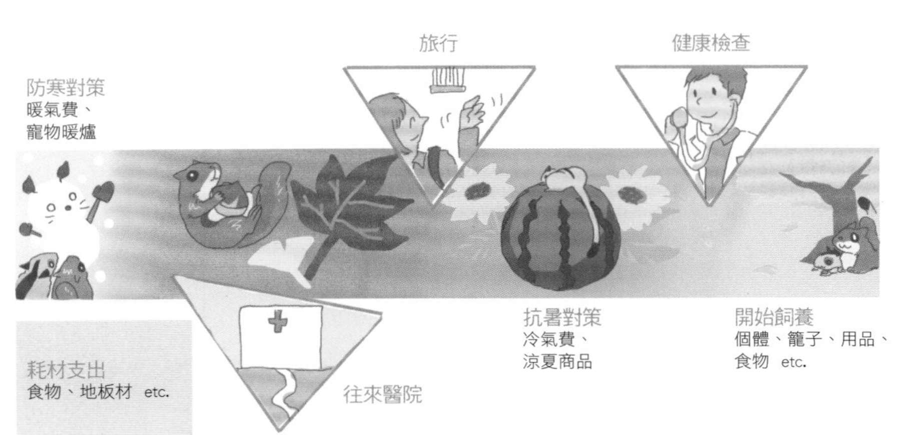

迎接飛鼠的到來

獲得飛鼠的方法

○寵物店

從寵物店購買飛鼠是最普遍的方法。一般只販售貓狗的寵物店幾乎不會有賣飛鼠，通常要去也有販售兔子、倉鼠的大型寵物店才有。有些爬蟲類專門店也有賣飛鼠。

＊挑選優良的寵物店

衛生乾淨的店家，店內的工作人員對於所販售的動物也非常清楚了解，就是選擇寵物店的基本。

就大多數的情況而言，飛鼠都是在年紀還很小時就來到寵物店了，並且會在店內度過極為重要的成長期。針對不同種類和月齡的飛鼠，店家是否能給予適當的飲食？是不是在籠內沒有藏身之處的緊迫環境下進行飼育管理的？為了讓牠早點習慣人類，是否有經常撫摸牠？等等，這些都是要注意的事情。

○認養

如果剛好看到有人因為家裡的飛鼠生產了，正在尋找新飼主的話，不妨請對方分送一隻給你。在家繁殖的飛鼠，由於小飛鼠可以充分地吸食母乳，親子間也有足夠的溝通交流，因此有很高的機率可以長成身心都健康的飛鼠。

此外，由於是在和母親一起的安心環境下與人接觸的，因此比較不怕人，大多能很快就馴服於人。

當然，最重要的還是要看飼主是否有確實地做好飼育管理。

○網購、網拍

也可以利用網路，向網路商店或網拍業者購買飛鼠。

網路商店和網拍業者身為動物販售業者，有義務販售健康的個體給消費者。個體的健康狀態為何、到達時如果衰弱或死亡的話要如何處理等，這些都要在事前就加以確認才行。

其中還要注意的就是運送。請避開容易發生事故的盛夏和寒冬，並且確認負責運送的業者是否有豐富的寵物運送經驗。但是，不管再怎麼細心注意，運送途中還是可能會發生意外，具有一定的風險——這一點還請務必要理解。

迎接飛鼠的時期

建議選在氣候穩定的時期。雖說得要進行溫度管理，但氣候較為極端的時期還是儘量避免會比較好。

飼主本身的行程表也要充分考慮。不管為牠營造了多舒適的環境，對飛鼠而言，剛開始還是會不習慣。因此剛來家中的這段時期也是很容易因壓力而讓免疫力降低，造成生病、不適的時期，所以最重要的就是要檢查其健康狀態。另外，飛鼠是否能安全地使用籠子和其他飼育用品、腳是否會鉤到哪邊等等，這些都一定要仔細觀察。因此，最好先找好時間上足夠充裕的時期，再來迎接飛鼠的到來吧！

其他寵物與飛鼠

最好別讓飛鼠與其他寵物接觸。飼主絕對不可忘記飛鼠是被捕食動物，即使與貓狗（看起來）關係良好，但牠突然的動作很可能會引起捕食動物的狩獵本能，即使對方沒有惡意，也可能會讓飛鼠受傷。本書並不贊成將捕食動物與飛鼠一起飼養。還有，即使不是捕食動物，會大聲鳴叫的鸚鵡等也可能會嚇到飛鼠。

另外，由於蜜袋鼯、美南飛鼠是雜食性，習慣上會抓小型的脊椎動物來吃，因此對於比牠小的動物也可能會有攻擊性。在讓牠與其他動物接近時，一定要特別小心才行。

個體的選擇法

○性別？

不管是蜜袋鼯還是囓齒目的飛鼠，公的與母的不僅性別不同，容易罹患的生殖系統疾病也不一樣。特別是公的蜜袋鼯，會用臭腺四處留下氣味；一到了繁殖期，氣味更是明顯（對此氣味的感受度會因人而異）。

在性格上，公的比較活潑好動，母的比較文靜乖巧；但也有另一派意見認為公的比較穩重，母的比較好勝……有這麼多不同的意見，也代表了比起性別，「個體差」所表現出的差異是非常大的。

○年齡？

不只是飛鼠，所有的寵物都是要從小開始養會更容易親近於人。因為這時牠們還沒什麼警戒心，很容易就能接受周遭發生的事物。

不過，請勿強行帶走年紀太小，應該和母親一起生活的斷奶前的小飛鼠。太早讓牠離開母親的話，長大之後可能會有不安傾向，或是會讓警戒心變得更強。

由於飛鼠的警戒心較強，長大後要馴服牠得要花一些時間。但是，只要肯花時間、有耐心地進行，還是可以讓牠馴服的。在寵物店裡長大的飛鼠，依照工作人員不同的對待方式，個性也會截然不同。長期待在對待方式不佳的寵物店裡（對動物不理不睬、粗暴地對待、店內噪音很大、經常震動等等）的個體，由於對人類抱有不信任感，因此要馴服得花更多的時間，這一點請務必要有心理準備。

另外，將長大成熟的飛鼠公母成對養在同一個籠子裡時，很可能會造成懷孕。

○要養幾隻？

蜜袋鼯

蜜袋鼯原本是以家族為單位一起生活的動物。考量到精神上的充實感，最好還是不要單獨飼養，而是以一公一母，或是都養母的會比較好。

但是，多隻飼養時可能會有個性不合、飼育管理不周的問題；此外，如果是公母成對飼養時，還得考慮到繁殖的問題。是要讓牠們生產，還是要讓公的接受去勢手術（參照第165頁），這些都要仔細考慮清楚才行。

如果是單獨飼養時，你身為牠的家人，就要騰出足夠的時間來陪牠才行。

囓齒目的飛鼠

囓齒目的飛鼠基本上是單獨生活的，但偶爾也會團體行動，或是在寒冬時幾隻聚在巢穴裡一起生活等等，似乎也有容許團體生活的傾向。

因此，基本上雖然是建議單獨飼養，但若是個性合得來的話，要多隻飼養也不是不可能。但是，公的彼此之間極可能會大打出手，最好避免。成對飼養時，如果在寵物店裡原本就是養在一起的，不妨兩隻都帶回家；如果要將不認識的兩隻飛鼠一起飼養時，請按照程序來進行（參照第113頁）。

囓齒目飛鼠的繁殖並不容易，但也是有每到繁殖季節就會生產的例外。請務必多費點心思，一到繁殖期就將牠們分開飼養吧！

【注】蜜袋鼯和囓齒目的飛鼠是完全不同的動物，習性和飲食也不一樣，不能兩者一起飼養。

○健康狀態？

仔細觀察飛鼠的模樣，選擇健康的個體吧！由於飛鼠是夜行性的，建議最好在傍晚後才去寵物店選購。

如果寵物店是在一個籠子裡飼養多隻飛鼠時，只要其中有一隻生病，就可能會傳染給其他隻。請檢查看看是不是所有的飛鼠都健康活潑。

※特別是第一次養飛鼠的人，如果還不習慣養小動物的話，建議最好挑選跟人比較親近的飛鼠。因此請選擇有細心照顧飛鼠的店家。

point 購入時的檢查重點

※也請參照144～147頁「飛鼠的身體構造」和148頁「健康檢查的重點」。

眼睛：不會一直眨眼，沒有眼屎、紅腫或受傷
鼻子：沒有流鼻水，不會一直打噴嚏
耳朵：沒有受傷，耳中沒有髒污
牙齒：沒有缺牙，咬合正常（囓齒目的飛鼠）
四肢：沒有受傷，指頭和爪子齊全（要注意蜜袋鼯指頭的特徵）
被毛・皮膚：沒有脫毛（要注意成熟的公蜜袋鼯的特徵）、沒有受傷或皮屑、不會一直抓癢
腹部：肛門和生殖器周圍沒有髒污
體重：用手拿著會有沉甸甸的重量感，不會過胖或過瘦
糞便：沒有下痢
行動：有食慾，不會拖著腳或搖搖晃晃的，會活潑地四處活動

和飛鼠一起生活後發現的事

MYU 小姐是西伯利亞小鼯鼠──小莫（6 歲 ・ 公）的飼主。當然，她是有獲得家人的飼養許可才開始飼養的。在此要向以前曾經養過美南飛鼠的 MYU 小姐請教她和小莫一起生活後所發現的事。

居住方面

我覺得籠子的大小最好是萬一發生天災時可以搬動、平常又能徹底清掃的尺寸比較好。籠子除了小窗戶以外，如果還有個大門就會很方便。巢箱入口呈U字型的好像會讓牠睡得比較舒服。我還買了一個椰子殼的窩給牠，圓圓的好像要把牠包起來一樣，牠非常喜歡。

看牠在房裡遊戲的情況，似乎很喜歡大約180cm高的位置，好像認為衣櫥和窗簾軌道都是牠的地盤了。

飲食方面

選擇安全的飼料時，很容易選到相同內容的飼料；為了避免讓飲食流於一成不變，我會改變食物的切法，讓牠可以用不同的方式去咬。餵食時也一樣，我會讓牠自己過來拿，就算牠用力想咬走也不要馬上放手，可以稍微鍛鍊一下牠的牙齒和下顎。切法有：丁狀、扇形、條狀、切成大塊、切細、切薄，用模型來壓花等。

生活中感到驚訝的事

只要有2cm的空隙牠就會鑽進去。牠會把地毯咬爛，在衣櫥背面做巢；就連只塞得進大人一根手指指甲的空調機內側也鑽得進去……

只要把衣服掛在房間裡，牠就會覺得那是睡袋而滑翔飛過來，在上面爬啊爬的，好像很喜歡的樣子。那模樣雖然可愛極了，但牠可能會把縫線咬斷，或是咬出破洞後鑽到衣服的表布與內裡之間，因此需要注意。

為了防堵隙縫而立的塑膠板，厚度只有1cm而已，沒想到牠也能停在上面，讓我非常驚訝。

牠還會坐在抗力球上喔！放牠出來散步時，牠會把我放在旁邊的抗力球當成底座，只花幾秒鐘就坐上去了。

飛鼠擅長的倒吊金鐘姿勢。

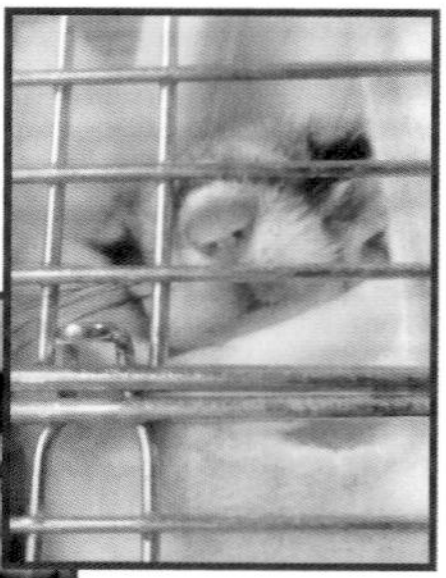

在襪子睡袋中呼呼大睡……

我的平衡感很不錯吧！

understanding sugar glider & flying squirrel

第3章 認識飛鼠

以認識飛鼠為目的

為了營造出更適合飛鼠的環境

我們所飼養的飛鼠是在人工飼育下所繁殖的個體。就此意義來看，雖然不算是「野生動物」，但經過長久演化下來的習性卻不可能說改就改。如果飼養時無視飛鼠原本的生活習慣，將會給牠們帶來很大的負擔。

話雖如此，又不能在房間裡做一個森林。要讓牠們過著和野生環境相同的生活是不可能的，既然是「飼養」，就必須在某種程度上考慮到飼育管理時的方便性才行。

但和野生狀態不同的是，就算不喜歡飼育環境，飛鼠也無法自行搬家。

飼主如果能對飛鼠的生態有所理解，應該就能盡可能地提供更好的環境給牠們。也因此，了解野生飛鼠的生活是非常重要的。

對作為寵物的飛鼠來說，身為飼主的我們所做出的就是牠們的全世界，這一點請各位務必要牢記於心。

豐富飛鼠的生活環境

要讓飼育狀態下的飛鼠過著更舒適的生活，不妨考慮「豐富生活環境」。

這是一種觀念。為了要讓飼育的動物們身心都能感到幸福，以動物的福祉為基礎，盡可能地讓該動物原本擁有的行為模式能夠重現。

而所謂的「盡可能地讓該動物原本擁有的行為模式能夠重現」是什麼意思呢？

請想像一下飛鼠用餐的景象。不管是蜜袋鼯還是美南飛鼠，都是在日落後、到了夜晚才會離巢開始活動，然後一邊尋找食物，一邊從一棵樹滑翔到另一棵樹上。一離巢後眼前就有許多食物可以吃——這種事基本上是不可能發生的；而且為了避免被夜行性的猛禽看見，還需要慎重地行動才行。像這種「尋找食物」也是牠們的行為模式之一。

另外，若是蜜袋鼯的話，還會為了吸食樹汁、尋找昆蟲而剝開樹皮；而囓齒

美南飛鼠  蜜袋鼯 圖示說明

目的飛鼠，如果不將樹木果實的殼剝開，就吃不到裡面的食物。雖然有點麻煩，但是這種行動卻能讓牠們的心靈獲得滿足。

當然，在飼育環境下，要讓牠們吸食樹汁是有困難的，所以請從飛鼠的生態中擷取精華，以幫牠們實現豐富的生活環境吧！

了解飛鼠的心情

為了要營造出最適合飛鼠的飼育環境、盡可能讓牠們過著幸福的生活，像是目前的環境舒不舒適？身體是否有不對勁的地方？等等，這些問題如果不問問飛鼠的心情是不會知道的。不過，飛鼠的語言和人類並不相同，就算去聞蜜袋鼯頭上的臭腺，也不會就此了解牠們的心情。難道真的沒有辦法可以了解牠們嗎？

沒有這樣的事。我們還是能夠了解飛鼠的心情。

動物的溝通手段主要是依賴視覺、聽覺和嗅覺。

依賴視覺的，也就是可以讓人一目了然的情感表達方法就是肢體語言，就像大家都知道狗會搖尾巴一樣；依賴聽覺的，也就是靠聲音來辨別的方法，就是叫聲；最後依賴嗅覺的，也就是靠氣味來辨別的方法，就是以尿液或糞便留下氣味，或是用臭腺等。

只要像這樣事先了解飛鼠的溝通手段所代表的意義，就能稍微了解飛鼠的心情了。

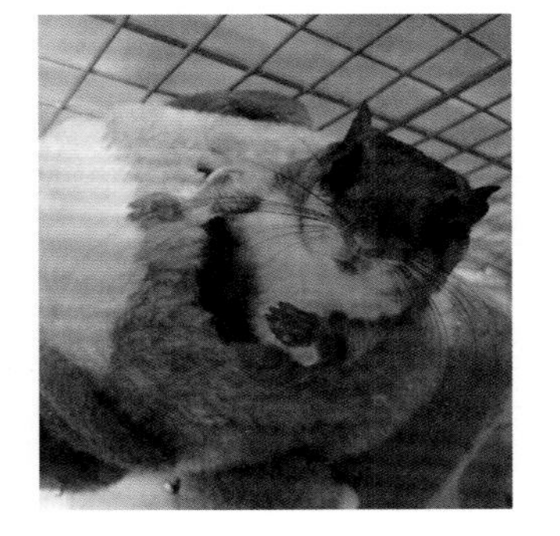

了解飛鼠的生活：蜜袋鼯

蜜袋鼯的生態

○在樹上生活的夜行性

蜜袋鼯是生活於樹上的動物，住在熱帶～亞熱帶的森林中。牠們會在樹木之間以滑翔的方式移動，很少下來地面。由於是夜行性動物，日落後就會開始活動，到處尋找吃的東西。等天一亮就會返回巢中，白天則和群體的成員們一起在巢中睡覺。

○社會性

蜜袋鼯具有高度的社會性，以地位最高的公鼯為中心，加上其他成熟的公鼯、母鼯及幼鼯，大約6～10隻組成一個小群體一起生活。也有人認為成鼯最多7隻左右，其他沒有血緣關係的成鼯則大約有4隻左右。族群中包含了不同世代，幼鼯在出生後約7～10個月就會離群獨立。

一般認為，當年長的母鼯死亡後，牠所生下的母幼鼯就會留在群體中；若是公鼯死亡，就會迎接族群以外的公鼯加入。

群體中的成員關係非常密切，就算彼此間偶有威嚇，卻不會引發嚴重的鬥爭；不過，牠們對於群體以外的對象卻有強烈的排他性。

一個族群的地盤最大約有1ha（1萬平方公尺），發生爭吵的原因主要是為了爭奪進食場（尤加利樹），但對於族群以外的其他蜜袋鼯則會共同抵禦。

○食性

蜜袋鼯是雜食性的，最喜歡尤加利樹的樹汁，會用大大的切齒剝開樹皮，舔食樹汁；牠們長長的舌頭也有助於吸食花

蜜。

另外，牠們也很喜歡吃動物性的食物。蜜袋鼯前腳的第4趾（相當於無名指）比較長，可以從樹皮裂縫中鉤出昆蟲食用。

○休眠

一旦遇上雨天或氣溫較低的夜晚時，蜜袋鼯就不會頻繁地活動，而會進入「休眠」狀態。根據某項觀察的紀錄指出，蜜袋鼯的休眠狀態會持續2～23小時（平均是13小時），體溫最低也會下降到10.4℃。在食物較少的嚴寒氣候中，為了盡可能不消耗體力，休眠就是最好的方法。

蜜袋鼯的行動

○滑翔

蜜袋鼯最主要的移動方式就是滑翔。牠們會乘風展開飛膜，從這棵樹跳到那棵樹，有時一次可滑行50ｍ（滑翔的機制→41頁）。也可以在滑翔時捕食空中的昆蟲。

○築巢

蜜袋鼯會將小樹枝或葉子等搬入樹洞中築巢。在搬運巢材時，尾巴也可以派上用場；牠們會將巢材用尾巴捲起來搬運。

○標註氣味

為了識別同伴及主張地盤，蜜袋鼯會用臭腺來標註氣味。除了額頭的前額腺和胸腺之外，蜜袋鼯在肛門腺、手腳表面、嘴角和外耳內側都有臭腺。

在群體中，地位高的公鼯會在其他成員的下顎、胸前和泄殖腔摩擦自己的前額腺和胸腺，留下自己的氣味。

除此之外，母鼯也會積極地留下氣味。牠會用頭去摩擦地位高的公鼯的胸腺，並且會以育兒袋中的腺體和尿液的氣

味來通知公鼯自己性成熟了。

就像這樣，群體中的成員會共同擁有彼此的氣味，藉以認識同伴，並且激烈地攻擊不屬於群體的外來者，加以驅離。

另外，像這種透過唾液和臭腺來標註氣味的行為也會用於主張地盤上，這時牠們會將氣味留在地盤的邊界和樹枝等作為通路的地點上。

○梳毛

蜜袋鼯經常會梳理被毛。對牠們來說，能夠整理皮膚與被毛狀態的梳毛是非常重要的行動之一。蜜袋鼯的後腳第2趾和第3趾（相當於食指和中指的部分）根部是連在一起的，到末端才分成2根趾頭，稱為「合趾」；在梳毛時可以發揮梳子的功能。

若是蜜袋鼯不梳毛的話，或許表示牠的身體已經很不舒服了。

相反地，若頻繁地進行梳毛時也要注意。如果老是舔舐、啃咬同一個部位的話，就很可能是「自殘」（參照第151頁）行為。

○防禦、威嚇

當蜜袋鼯一邊發出警戒的叫聲並用後腳站立，前腳往上抬、伸向頭部前方，並且張嘴露出牙齒時，表示處於防禦、威嚇的狀態。有時也會仰躺並伸出四肢，一邊發出叫聲。這時請勿隨便伸手摸牠，以免被咬。

○叫聲

叫聲是蜜袋鼯溝通的重要工具之一。每個人聽到的或許會有些不一樣，請配合當時的狀況和蜜袋鼯的行動加以對照，聽聽看「我家的寶貝在說什麼話」吧！

·警戒

以大多數的情況而言，這是在飼養開始時最常聽見的叫聲。當飼主想摸尚未馴服的蜜袋鼯，或是不小心讓牠嚇了一跳，使蜜袋鼯感到害怕、恐懼時，牠們就會發出警戒、威嚇的叫聲。聽起來就像「JIKO JIKO」或「GIKO GIKO」，也有人說很像是電動削鉛筆機的聲音。

·呼叫同伴

為了尋找其他同伴、告知自己的所在地等等，蜜袋鼯會發出像幼犬一樣的叫聲。聽起來就像「ㄤㄤ」、「汪汪」或「KYAN KYAN」，在繁殖期時也可聽見這種聲音。

·幼鼯的叫聲

幼鼯呼叫母親的叫聲聽起來很像是「咻～咻～」。有時也會伴隨著像是將警戒的叫聲壓低音量般的微小叫聲。據說不同個體有不同的模式，並且會一直記住這個叫聲，只要一看到母親，就會發出這個叫聲。在群體中，地位較低的個體也會發出相同的叫聲。

·焦躁

覺得焦躁或不滿時，也會發出像「咻～咻～」的聲音。

·高興

會發出聽起來像「噗噗噗……」的聲音。

·滿足

當蜜袋鼯覺得很滿足時，會發出「咕咕咕」的聲音，就像貓的喉嚨發出的聲音一樣。

・爭吵、不滿

在群體中若有打架或不愉快的事時，就會發出「唧！」的叫聲。

蜜袋鼯的感覺

○視覺

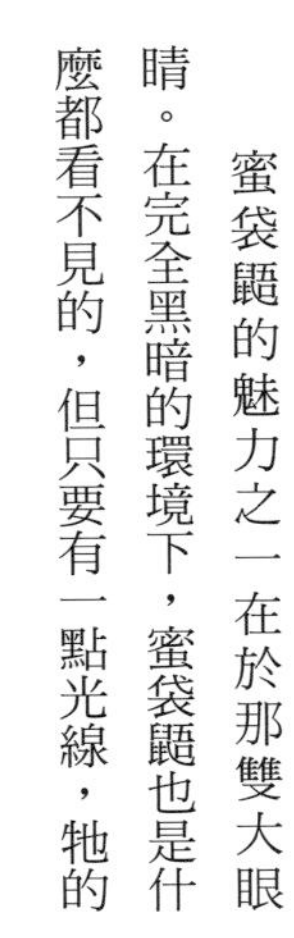

蜜袋鼯的魅力之一在於那雙大眼睛。在完全黑暗的環境下，蜜袋鼯也是什麼都看不見的，但只要有一點光線，牠的大眼睛就能派上用場；牠眼中的脈絡膜層也有助於接收光線（參照第40頁）。

另外，為了察知會動的物體，蜜袋鼯的動態視力也很優秀。雖然牠們能分辨的顏色有限，但由於牠們是夜行性動物，因此並沒有問題。

○聽覺

蜜袋鼯可以聽到靠近自己的捕食動物所發出的聲音，以及昆蟲所發出的聲音。牠大大的耳殼連一點細微的聲響也不會遺漏，並且有助於判斷聲音是從何處傳來的。

○嗅覺

從標註氣味的行為中就可以了解，蜜袋鼯是非常依賴嗅覺的。不管是找尋食物、認識同伴、驅除其他非群體成員的蜜袋鼯、繁殖的時機、察覺捕食動物的存在等，在生存所需的各方面上，有很多訊息都是得依賴嗅覺才能得知的。

了解飛鼠的生活：囓齒目的飛鼠

牠們會先靜止不動以免被捕食動物發現，然後再判斷是否要逃走。飛鼠對於自己的行動圈中可以避難的場所在哪裡、要如何前往等都一清二楚，但是年輕的飛鼠由於缺乏經驗，對於行動圈的了解又不夠多，所以經常成為捕食動物的犧牲品。

美南飛鼠的生態

○社會性

美南飛鼠基本上是單獨生活的動物，各自有0.4～2 ha的行動圈（公鼠的活動範圍更大）。大致是以0.4 ha中有1隻的個體密度為適當，最多在5隻左右。公鼠的行動圈會重疊，但母鼠的則不會重疊，並且一到繁殖期，母鼠就會防禦自己的巢穴。

雖說是單獨生活，但排他性卻不強，也可以看見成對生活的飛鼠。另外，據說冬天時飛鼠會聚集在一起生活，數量從10～20隻，甚至多達１００隻都有。為

○在樹上生活的夜行性

美南飛鼠是在樹上生活的夜行性動物，棲息於闊葉樹林、落葉樹林，以及針葉樹與落葉樹的混合林中。尤其喜歡闊葉樹林，目前已知橡樹、山胡桃樹等闊葉樹的分布與美南飛鼠的棲息地正好重疊。牠們也很少會下來地面。

雖說是夜行性，倒也不是一整晚都在活動。太陽下山後，牠們就會為了找尋食物而活潑地四處移動，之後則是偶爾休息、偶爾活動至天亮為止。早晨回到巢穴後，會連續睡12小時以上。冬天的活動時間會更短。

夜行性的美南飛鼠是貓頭鷹、浣熊、土狼、家貓、黃鼠狼、響尾蛇等捕食動物的食物。萬一與這些動物相遇的話，

了度過寒冬，一個巢穴裡會聚集好幾隻飛鼠，也有人曾經觀察到有8隻飛鼠生活在一個巢穴裡。因此有種說法認為，緯度越北的地方，共同生活的飛鼠數量就會越多。

○食性

美南飛鼠是植物食傾向較強的雜食性。但在松鼠科的動物中，牠們吃動物性食餌的比例卻算是較高的。雖然樹上也可以找到果實之類的食物，但牠們還是會下來地面，在離樹幹不遠的安全場所尋找菇類、莓果類、昆蟲類等食物。

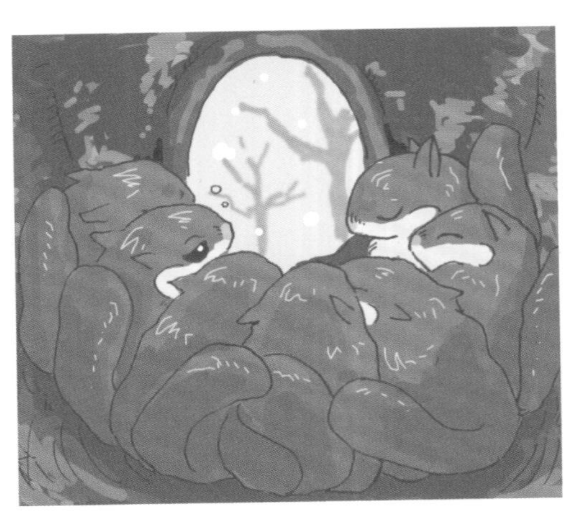

＊西伯利亞小鼯鼠（蝦夷飛鼠）

外觀和生活方式都非常相似的西伯利亞小鼯鼠和美南飛鼠，有幾個不一樣的地方。

雖說是單獨生活，但卻沒有強烈的排他性，就算不是冬天，牠們也會好幾隻共用一個巢穴。只有母鼠在繁殖期間才會有地盤意識，公鼠並沒有自己的地盤。

美南飛鼠會貯食，但西伯利亞小鼯鼠並不會貯食，而是會將體重增加15～20%來過冬。

兩者的食性也不一樣，西伯利亞小鼯鼠是純植物食，並沒有研究報告說牠們會吃昆蟲等動物性的食物。

美南飛鼠的行動

○滑翔

美南飛鼠很少會下來地面，也不會為了移動而來到地面（但是會為了採食而下來）。牠們的移動手段是滑翔（滑翔的機制→第41頁）。

雖然牠們可以滑翔50m，甚至是80～100m，但平常都只是短距離移動而已。

○貯食

一接近冬天，日照時間逐漸變短後，飛鼠就會開始積蓄樹木的果實。牠們貯食的開始信號並非是溫度下降，而是日照時間縮短。

牠們不僅會將糧食貯藏在巢中，也會埋在枯葉下面、塞進樹木的縫隙或是夾在樹枝上，做好過冬的準備。甚至一個晚上可以把好幾百顆樹果藏起來。據說，一個冬天飛鼠大約會貯藏1萬5千顆樹果。

有研究指出，牠們為了避免把精力耗費在將相同的樹果藏在別的地方，會用唇部的臭腺在貯藏的樹果上留下氣味。

○築巢

美南飛鼠會將自然形成的樹洞、啄木鳥的舊巢、設置給鳥用的巢箱等作為自己的巢穴。氣候炎熱時，也會使用松鼠以樹枝等做成的巢穴。有時也會住在民家的屋頂下。除了睡覺的巢穴外，還有育兒用的巢穴、避難用的巢穴及貯藏食物用的巢穴等。

飛鼠會將鬆軟易剝、撕成細碎狀的樹皮，以及乾燥的葉子、苔蘚、羽毛及動物的被毛等搬入巢穴中，作為巢材來使用。

○各種行為

遭遇到必須警戒的事物時，美南飛鼠就會踩踏後腳並發出叫聲。像是感情不睦的其他飛鼠要進入自己的巢穴時、爭奪食物時，都可以看見這種行為。

前腳輕鬆地垂下，就是現在很放鬆的表示。

美南飛鼠的尾巴有很多作用，在滑翔時可以當成舵，在跳躍時則能保持平衡。

一般來說，健康的飛鼠在坐下時，尾巴從根部到3分之2的地方都會貼在背上，只有末端才會離開背部。年輕的飛鼠遇到地位比自己高的飛鼠時，尾巴會完全下垂。另外，飛鼠生氣時會一邊發出警戒的叫聲，一邊晃動尾巴。

○叫聲

美南飛鼠有許多不同的叫聲，有像小鳥一樣節奏輕快的叫聲，也有清脆婉轉的叫聲。

當警戒或是要發出警告時，會發出聽起來像是「啾、啾」的刺耳叫聲，代表有捕食動物接近，或是對其他飛鼠所發出的警告。當飛鼠發出這種聲音時，請等牠

飛鼠巢穴剖面圖

〈從側面來看〉

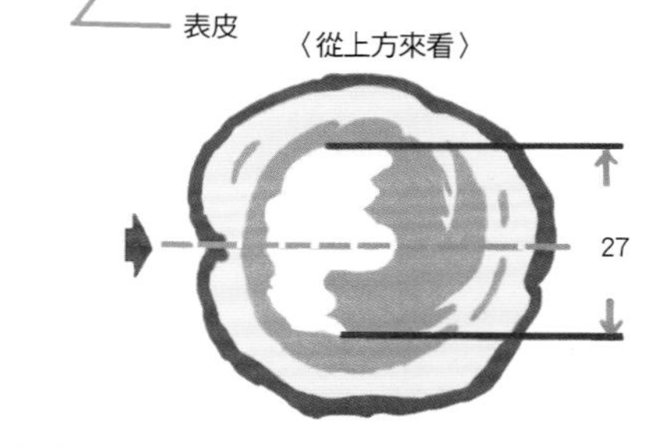

冬季時蝦夷飛鼠之營巢木特徵及巢穴構造
摘錄自（《北海道大學農學部演習林研究報告》第48卷1號）

冷靜下來後再和牠接觸吧！

小小的「啾啾」聲可以在冬季以外的季節聽到，表示自己正在巢穴裡。

此外，牠們也會發出人類聽不見的高周波叫聲。據說幼鼠呼喚母親時的叫聲，有些就是我們人類聽不見的。

＊西伯利亞小鼯鼠（蝦夷飛鼠）

蝦夷飛鼠會在樹木的何種高度築巢、喜歡什麼尺寸大小的巢穴入口等，都有數據資料記錄下來。

幾乎所有的巢穴都是在直徑30㎝、樹高10ｍ以上的椴松、岳樺等樹木上。巢穴的位置從距離地面1ｍ到12ｍ都有，範圍很大；平均高度約4.5ｍ，巢穴入口大約為5㎝左右。雖然這個數據有點老舊，但如果是使用為了野鳥所設置的巢箱作為巢穴時，牠們最喜歡入口約4㎝的巢箱，位置則大約是在5ｍ高的地方。

美南飛鼠的感覺

○視覺

美南飛鼠的眼睛是夜行性動物特有的眼睛。一般來說，必須要有光才能看得見東西，而牠們的大眼睛很容易接收光線，即便在夜晚，只要有微量的光線就能讓牠們看得見。夜行性動物的視網膜內側有一層叫做「脈絡膜層」的薄膜，可以反射光線。由於進入眼睛的光線和脈絡膜層反射的光線都會通過視網膜，因此就算只有一點光也能看得清清楚楚。

○聽覺

由於鼓室比其他松鼠要大，所以聽覺非常優秀。也可以聽見人類聽不到的高周波聲音。大大的耳殼具有良好的集音效果。

○嗅覺

雖然不像蜜袋鼯那麼靈敏，但美南飛鼠的嗅覺也是很敏銳的。公鼠可以察覺到表示母鼠發情狀態的化學物質——費洛蒙的氣味。

另外，美南飛鼠的腳底有臭腺，會在地盤或行經路線、食物等留下自己的氣味。人類雖然聞不到這種味道，但飛鼠只要一聞到這個氣味，就可以明白哪裡有哪隻飛鼠，以及牠為什麼會在那裡等等。

point

飛鼠的滑翔機制

飛鼠（蜜袋鼯、囓齒目的飛鼠）最大的特徵就是「滑翔」了。據說滑翔時的秒速可達10～15m。雖然看起來像是從一棵樹飛到另一棵樹上，但牠並不像鳥類一樣可以振翅飛翔。就如同蜜袋鼯的英文名稱「Sugar glider」一樣，飛鼠的滑翔可以利用空氣阻力進行長距離的移動。

※飛膜的不同

飛鼠之所以能滑翔，靠的是前腳和後腳之間的飛膜。蜜袋鼯和囓齒目的飛鼠在飛膜的構造上有些微的差異。

※蜜袋鼯的飛膜

從前腳的小趾末端連接到後腳拇趾，另外後腳小趾到尾巴根部也有飛膜。

※囓齒目飛鼠的飛膜

飛膜會從前腳腕部連續到後腳腕部。由於沿著前腳有個名為針狀突起（針狀軟骨）的細骨，滑翔時這個骨頭會向外伸展，因此可以增加飛膜的面積（參照第147頁）。

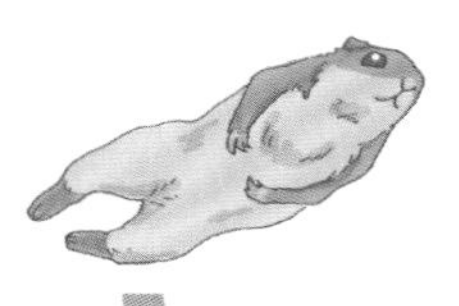

1. 爬到樹木的高處，向樹幹或樹枝用力一蹬，跳到空中。

2. 在跳出的瞬間伸展四肢，張開飛膜，一邊急速下降一邊加速，開始乘風滑翔。

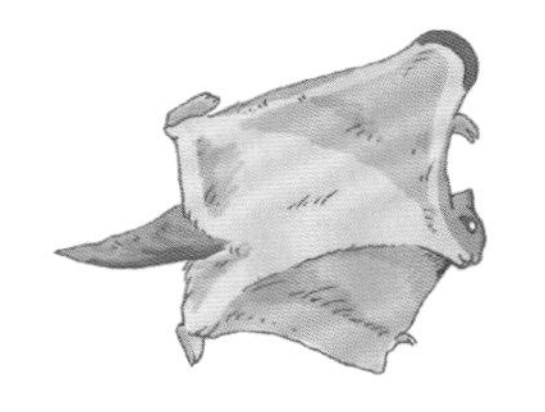

3. 獲得足夠的速度與浮力，改為水平飛行。

4. 遇到有樹枝等障礙物時，就改變伸展出的四肢角度，或是用尾巴當舵等等，巧妙地變換方向。

5. 在靠近降落點時立起身體，一邊承受空氣阻力一邊放慢速度，降落於樹幹上。

蜜袋鼯的飛膜

西伯利亞小鼯鼠的飛膜

飛鼠商品大收集 part 1

在Part 1裡，主要介紹的是將飛鼠的可愛度逼真地呈現出來的飛鼠商品！

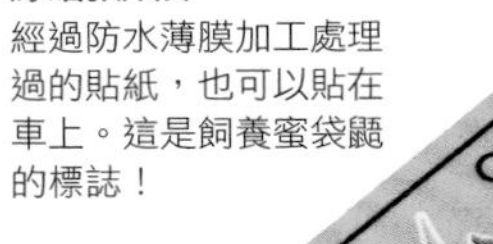

飛鼠馬克杯

上面有西伯利亞小鼯鼠（左）和蜜袋鼯（右）插圖的馬克杯。

原創貼紙

經過防水薄膜加工處理過的貼紙，也可以貼在車上。這是飼養蜜袋鼯的標誌！

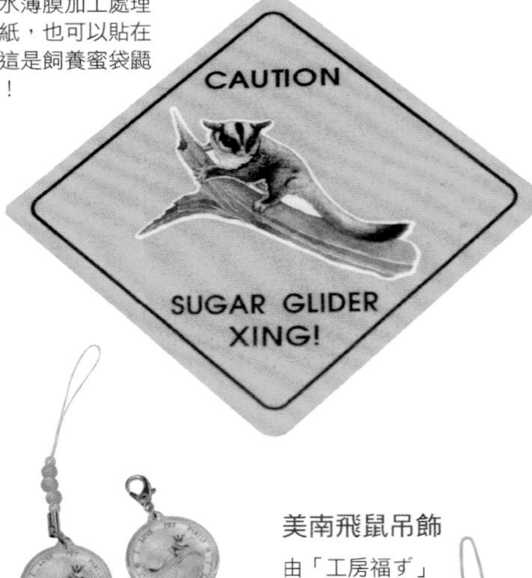

飛鼠鑰匙圈

上面有蜜袋鼯插圖的鑰匙圈。有鑰匙圈和吊飾2款。

美南飛鼠吊飾

由「工房福ず」出品，圓滾滾的可愛美南飛鼠吊飾。附有松葉金屬零件。

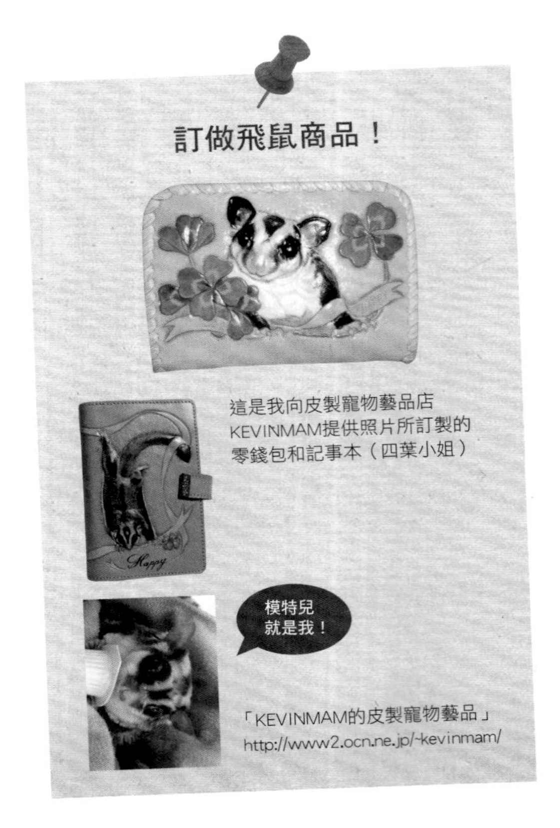

賀卡

蜜袋鼯的賀卡。寄給同樣有養飛鼠的朋友，對方應該會很高興！有3種不同的圖案。

商品提供：SBS Corporation

※ 此為 2010 年 5 月的資訊。
詳細詢問處請看 185 頁。

chapter 4

housing sugar glider & flying squirrel

第 4 章
飛鼠的居住環境

居住上的必需物品

思考適合的居住環境

在飼育狀態下，飛鼠的住家是「籠子」。若是很少把飛鼠放出來就不用說了，就算經常讓飛鼠長時間在外面玩，籠子對飛鼠而言也必須要是牠最能安心居住的「我家」才行。每個飼主家中能放籠子的地方、能花費的金額都不一樣，因此所準備的籠子或許有大有小，但請在可能的範圍內為飛鼠打造一個適合的住家吧！

在佈置飛鼠住家時，請務必加入野外生活環境的要素。首先，飛鼠是在樹上生活的。野生的飛鼠很少會下來地面，幾乎都生活在樹上。因此可以設想，牠們在地上時會對捕食動物充滿戒心，而在高一點的地方應該會比較有安心感。

能夠活潑地四處移動也很重要。處於活動時間的飛鼠是非常活潑好動的，會在籠子裡爬上爬下，有時還會跳來跳去，因此必須要讓牠們能夠自由活動才行。不只是要注意籠子的高度和寬度，也要放置棲木等等，好讓牠們能夠做出各種不同的動作吧！

point 飛鼠住家所需的東西

- 籠子
- 睡床（小布包、巢箱）
- 棲木、平台
- 廁所
- 餐碗、飲水瓶
- 地板材、巢材
- 體重計
- 溫度計、濕度計
- 攜帶式提箱、提籠
- 寵物保溫墊、涼墊
- 門鉤
- 玩具

……等等。

注記！

目前市面上很少看到「飛鼠專用」的籠子和飼育用品，大多數都只能使用其他小動物的飼育用品。這時，請理解該用品並非是專門設計給飛鼠的，因此使用時要在安全面上多加考量，以免發生事故。

籠子的選擇重點

○高度

選購飛鼠的籠子時，最重要的就是要挑選有高度的籠子。

使用有高度的籠子時，大多數的飛鼠都會老是待在高處，很少會下來籠子底部，但也不能因此就認為飛鼠不用的下部空間是不必要的。

這個空間能讓飛鼠遠離地面，可以說是為了讓飛鼠產生安心感的一種「必要的浪費」。

如果養在不夠高的籠子裡，飛鼠只好經常待在底部，並且會覺得自己「一直待在地面」而本能地感到不安。

○底面積

就算高度再高，如果底面積狹小的話，籠子裡面就無法裝設足夠的棲木和平台，而無法充分利用空間。不只是高度，底面積也要注意。

○充分的空間

籠子中會設置睡床等各式各樣的飼育用品。為了不讓飛鼠在家中無聊，玩具也是不可或缺的。請選擇就算設置了這些用品，空間仍然夠寬敞的籠子吧！

○安全性

與籠子的大小同樣重要的就是安全性。

由於飛鼠的排泄物經常會弄髒金屬網的部分，很容易造成生鏽；但若使用鍍鋅的籠子，又可能會因為啃咬籠子而吸收了過多的鋅，導致鋅中毒。因此，建議使用不鏽鋼製的籠子。

另外，也要檢查籠子內側是否有危險的地方。就算只有一點隙縫，也可能會夠到趾甲。由於這在購買時並不容易看得出來，因此飼養後請多加注意飛鼠的情況吧！

○網目的大小

如果是用飛鼠或松鼠專用的籠子就不會有問題，但如果是用龍貓、雪貂或大型鸚鵡用的籠子來飼養飛鼠時，就要注意網目的大小。即使成年飛鼠不會有問題，但年幼的飛鼠卻很可能會逃走。視情況而定，或許外面還要再加裝一層細目的網子才行。

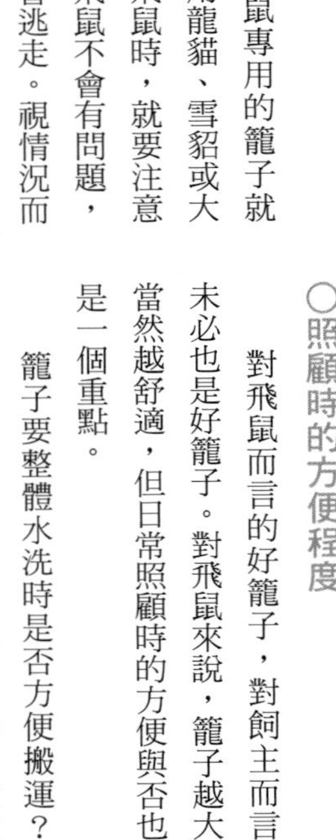

○照顧時的方便程度

對飛鼠而言的好籠子，對飼主而言未必也是好籠子。對飛鼠來說，籠子越大當然越舒適，但日常照顧時的方便與否也是一個重點。

籠子要整體水洗時是否方便搬運？容易髒污的籠子底部是否容易清掃？放置餐碗的地方旁邊是否有開口？開口大小是否方便讓巢箱和布包拿進拿出？等等，這些都要仔細檢查。要清掃尚未馴服的飛鼠的籠子時，可以趁牠在布包或巢箱中睡覺時，連同布包或巢箱整個移到別的籠子裡，打掃起來就會很輕鬆。用下面附有滾輪的籠子會更方便。

○放置地點與尺寸

籠子預定的放置地點也要考慮清楚。飛鼠大多都會朝籠子外面排泄，特別是蜜袋鼯，連用餐時周圍也會弄得亂七八糟。為了避免地板髒污，可以在籠子四周鋪上報紙，或是在籠子旁邊立起木板或瓦楞紙等，以免髒污四處散亂。在考慮放置地點和尺寸時，請多預留一點空間。

籠子的尺寸

前述的各項重點都沒問題後，就要盡可能準備大一點的籠子。

國外飼育書籍建議的「成對飼養時的最小尺寸」大致是：底面積在60～70cm見方，高度在70～90cm左右的籠子。

當然，籠子裡飼養的隻數越多，就越需要大一點的籠子。

*年幼飛鼠的住家

如果要迎接年幼的蜜袋鼯回家時，一開始不能用籠子，而是要以塑膠箱一邊保溫來進行飼養（參照第139頁）。

有人認為，年幼的飛鼠（蜜袋鼯及嚙齒目的飛鼠都一樣）剛開始時最好用小一點的籠子來養，所列舉的理由如下：

（1）籠子小一點，要抓籠裡的飛鼠時比

較不會追得牠四處逃竄，可以減少牠對人類的恐懼。

（2）幼鼠所吸收的養分應該要用來讓身體成長，如果籠子太大而讓牠活潑地到處跑，反而會消耗熱量。

（3）籠子小一點，就不用擔心牠會從高處摔下來而受傷，可以讓牠在裡面跑來跳去了。

Easy Home 37 加高型
（飛鼠、花栗鼠等用）
W380×D430×H610mm／三晃商会

Green Home
（龍貓用）
W630×D470×H700mm／三晃商会

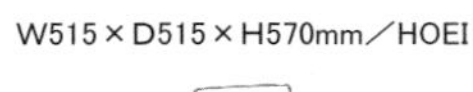

由於網目較大的關係，小飛鼠很可能會跑出來。可以在外面加裝一層細目的鐵絲網。

SN-10橫網長型
（鳥用）
W465×D420×H1000mm／HOEI

465長型（鳥用）
W465×D465×H940mm／HOEI

915小鳥（鳥用）
W515×D515×H570mm／HOEI

飼育箱
W360×D280×H170mm
／SBS Corporation

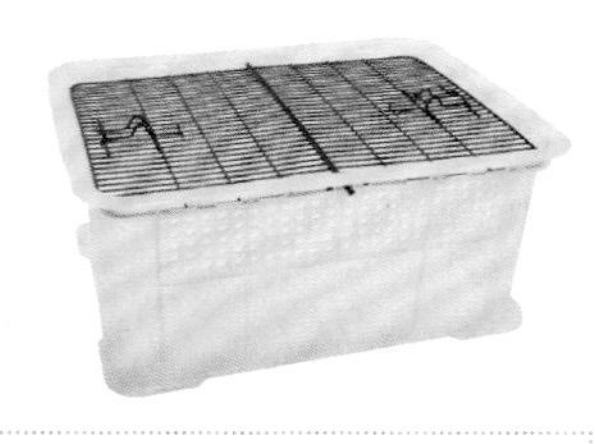

用於飼育出生不久的飛鼠或要是搬運時。

W（寬度）、D（深度）、H（高度）

○布包（布袋）

不僅是蜜袋鼯喜歡把它當成睡床來使用，對嚙齒目的飛鼠來說，陰暗又能包圍身體的環境也能讓牠感到安心。在第96頁也會做說明，布包除了可作為睡床使用外，要讓飛鼠馴服時也可以大大活躍。

布包的材質建議使用不容易鉤到趾甲、觸感又柔軟的刷毛布。

*布的危險性

現在一說到蜜袋鼯的睡床，使用布包已經是非常普遍的了，但還是需要多加注意。

並非只要把布包裝在籠子裡就行了，也請勤加檢查牠會不會去咬布、線有沒有綻開等等。使用一陣子後，布料可能會變得容易鉤到趾甲，因此必須仔細觀察飛鼠的模樣，在適當的時期換成新的。另外，如果飛鼠喜歡咬布的話，就不要使用布包，這也是非常重要的。

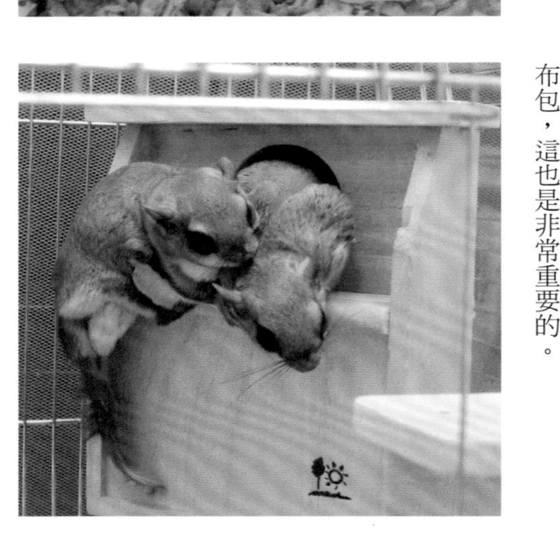

○巢箱

在野生狀態下，嚙齒目的飛鼠喜歡使用架設給野鳥用的巢箱。蜜袋鼯野生時的巢穴也是樹洞，所以就算使用巢箱而不用布包來當睡床也沒有關係。也可以用松鼠或虎皮鸚鵡用的巢箱。

由於飛鼠經常會在巢箱上排泄，因此請多準備幾個，勤於更換。

*複數的睡床

不管是用布包還是巢箱，最重要的就是要讓飛鼠有個可以安心睡覺、可以藏身的地方。

也可以同時設置巢箱和布包，讓飛鼠自行選擇。如果籠子夠大的話，請務必多設置幾個。

將多隻飛鼠飼養在同一個籠子裡時，請務必要設置複數的布包或巢箱。

○棲木・平台

要在籠內做出高低落差、在高處做出生活空間和休息空間時，棲木和平台是不可或缺的東西。

市售的棲木有小鳥用的細棲木，也有大型鸚哥・鸚鵡用的粗棲木。細棲木可以讓飛鼠一邊維持平衡一邊移動，粗棲木則可以讓牠在上面輕鬆地休息，兩者並用有助於增加飛鼠的活動變化。而且由於趾甲可以抵住粗棲木，多少也有一點磨爪的效果。

也可以自行去戶外撿拾柳樹、柏樹、櫟樹、栗樹、櫸樹等帶有樹皮的樹枝來作為棲木（要挑選沒有噴灑過農藥的）。因為飛鼠原本就有啃咬樹皮的習性，所以樹枝要先煮沸或泡水，充分晾乾後再使用。可以直接立在籠子內，或是將其中一邊用螺絲、螺帽固定在籠網上。

市售或自製的平台是放置餐碗、廁所的地方，也是飛鼠的休息處。用來放置餐碗時，要選用大一點的平台。

也可以裝上鳥用的草盤或草窩。

布包

吊床睡袋

布包（帳棚型）

睡袋

巢箱

椰子殼小屋

棲木

平台

○廁所

雖然很難訓練飛鼠在飼主指定的地方上廁所，但大致上牠們排泄的習性是固定的。

如果飛鼠習慣抓著籠網上廁所的話，就要在籠子四周鋪上報紙或尿便墊，或是將尿便墊固定在瓦楞紙或木板上，圍在籠子四周。

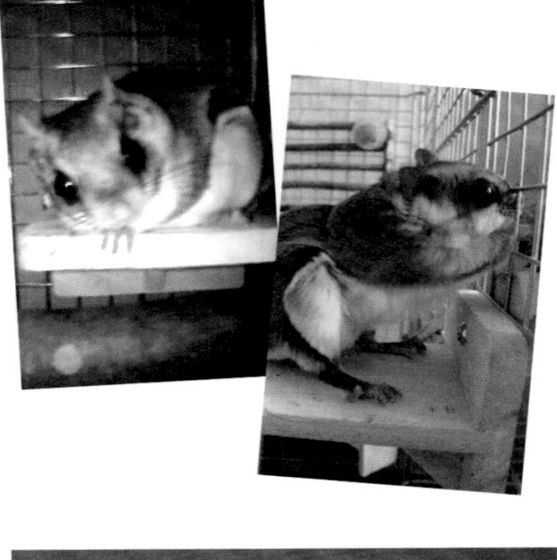

如果飛鼠習慣在平台等平坦處上廁所的話，就可以將裝了鼠砂的小動物便盆放在上面給牠使用。

有些飛鼠也會把裝在籠裡的草盤或小藤籃當作廁所來用。

使用鼠砂時，要用濕了也不會凝固的類型比較安全。

○餐碗

也可以用籠裡附設的飼料盒，但考量到衛生方面，建議使用陶瓷或不鏽鋼製的、穩定性佳的餐碗。

為了防止蜜袋鼯吃東西時弄髒四周，建議將餐碗放在附蓋的盒子裡讓牠在裡面進食（參照第70頁）。

○飲水瓶

飲水容器請使用飲水瓶。如果飛鼠不喜歡用飲水瓶喝水的話，請用較深的陶瓷或不鏽鋼容器裝水，並且經常換水，以免食物殘渣或排泄物污染水質。

○地板材

籠子底部要鋪上厚厚一層的闊葉樹木屑或寵物尿便墊。如果飛鼠會去咬尿便墊的話，請改鋪木屑；如果牠不會去咬，飼主又能經常清理的話，改用報紙也沒關係。

○巢材

巢箱中請放入柔軟的牧草（三番割）來作為巢材。

也可以將日文報紙撕碎來使用。據說日本國內主要的報紙都是使用安全性高的油墨印製的，使用上比較不會有問題。

也有不少飼主會使用廚房紙巾。這時請使用不會鉤到趾甲的類型。

也可以放入刷毛布，但就跟布包一樣，請注意是否會鉤到趾甲，以及飛鼠是否會去啃咬。棉質的巢材很容易纏住趾頭發生危險，請避免使用。

小動物用便盆

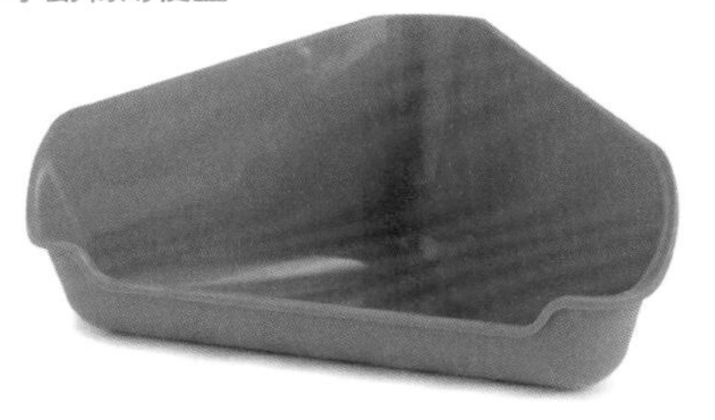

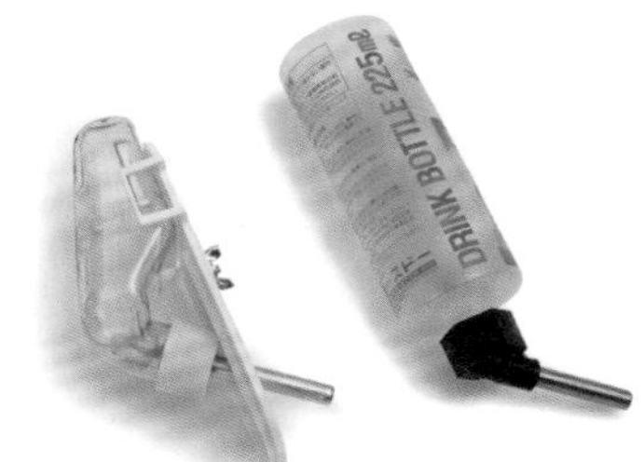

飲水瓶

廁所
（小鳥的沐浴容器）

餐碗

地板材

闊葉樹木屑

牧草

其他的生活用品

○體重計

定期測量體重在健康管理上是很重要的，尤其是在飼養小飛鼠時，更是需要每天測量，好確認體重是否有增加。以0.5g～1g為單位，最大計量1kg的電子秤比較方便使用。

飛鼠不見得會乖乖待在體重計上，因此也可以先將牠放在塑膠盒或布包中，之後再扣掉容器的重量。

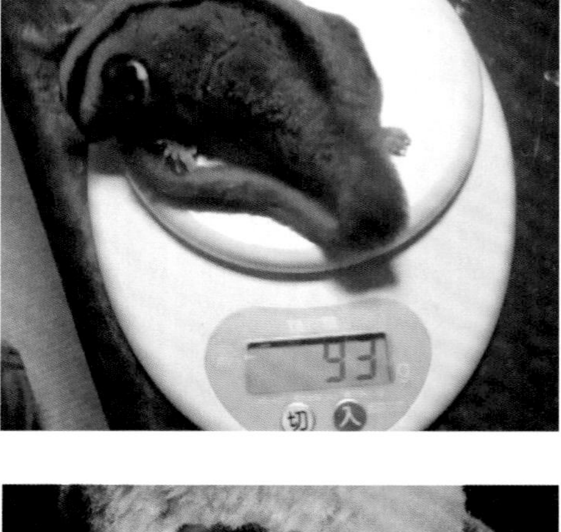

○溫度計・濕度計

為了維持適當範圍的溫度及濕度（參照第109頁），溫度計和濕度計是不可或缺的。請裝設在飛鼠經常待著的地方附近。

可以確認室溫上升了多少、下降了多少的最高最低溫度計也很方便。回到家後，如果發現飛鼠身體不適時，若能知道外出時家中的最高溫度和最低溫度，就會比較容易找出原因。

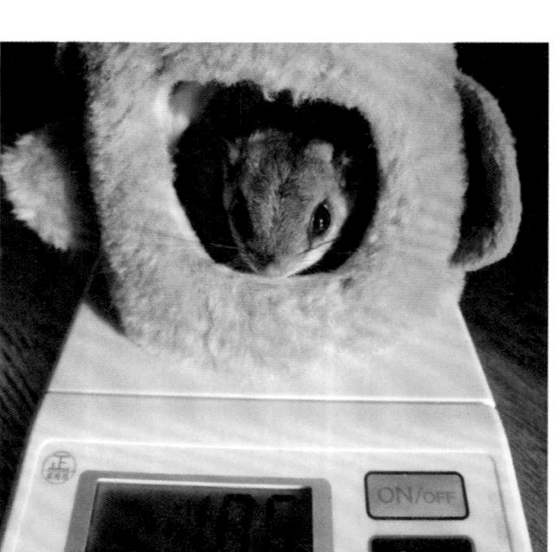

○攜帶式提箱・提籠

為了方便帶飛鼠外出——例如要上動物醫院的時候——最好先備有攜帶式的提箱。

也可以用塑膠盒或倉鼠用的提籃。容器如果太大的話，飛鼠反而會靜不下心（參照第116頁）。

除了攜帶式的之外，若能備有打掃時可以先將飛鼠放入的小籠子也會很方便。

○寵物保溫墊、涼墊

作為飛鼠在籠內的溫度對策用品，不妨準備寵物保溫墊或保溫燈泡來抗寒，寵物涼墊等來抗暑吧！

尤其是迎接年幼的飛鼠來到家中時，寵物保溫墊更是必不可少的物品。

○門鉤

飛鼠是很聰明的動物，有的可能會記住打開籠門的方式；另外，若是一直使用同一個籠子的話，用來固定的金屬零件會變得鬆脫，輕易就能將門打開。為了避免發生這種事，請在門上加裝門鉤吧！

○其他的生活用品

要抓尚未馴服、還會咬人的飛鼠時，有手套就會很方便。若是太厚的話，力道會不好控制，可能會一不小心抓得太用力，最好使用不會讓手感變得遲鈍的皮製薄手套（也可以用毛巾來代替）。

尚未馴服的飛鼠要是跑出籠外、怎麼抓都抓不到時，與其一直追著牠跑，不如利用捕蟲網一次將牠抓住，也比較不會讓飛鼠產生一直被追逐的壓力。

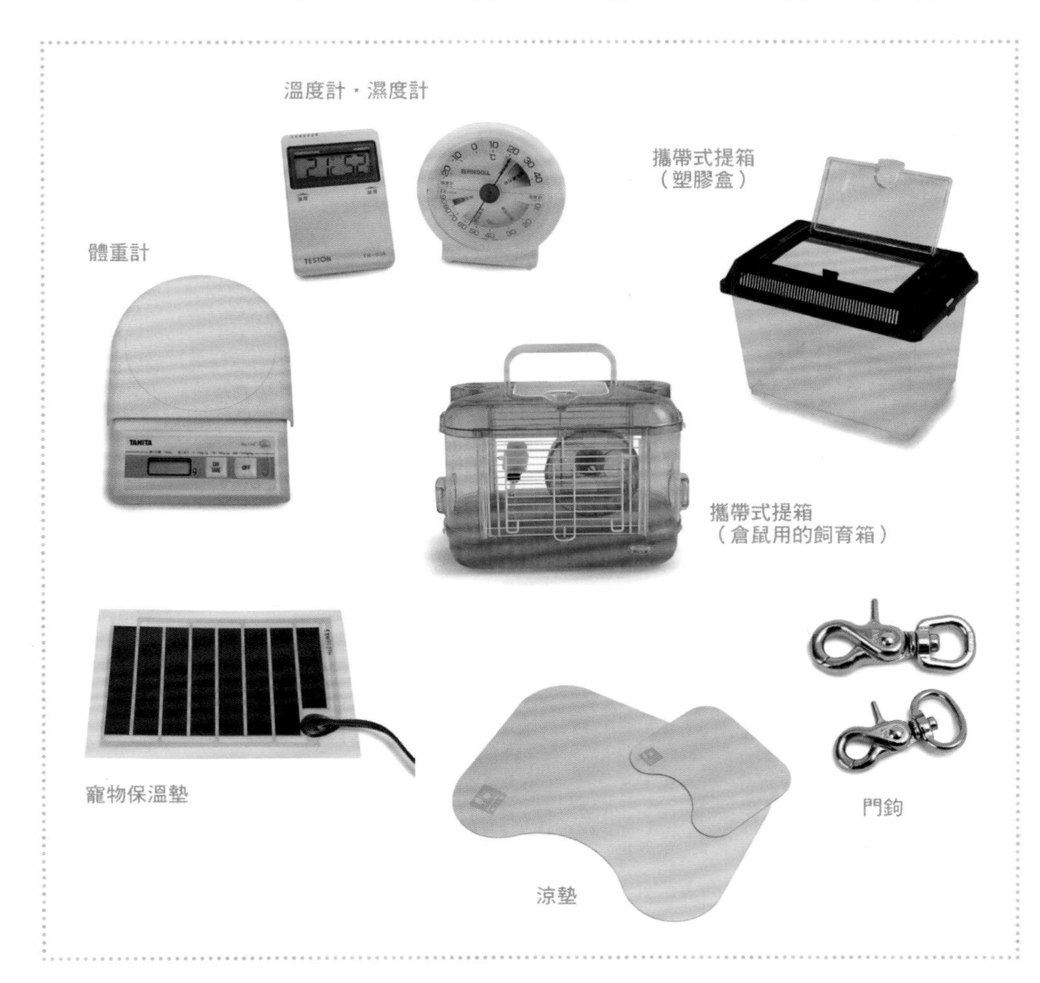

玩具

飛鼠是聰明、好奇心旺盛又喜歡冒險的動物，無聊又單調的生活對牠們來說是造成壓力的原因。尤其是原本過著群居生活的蜜袋鼯，如果只養一隻、飼主又沒時間陪牠玩、環境又一成不變的話，就會引起自殘（參照第151頁）。請增加飛鼠的遊戲項目，為牠打造一個不會無聊、充滿歡樂的環境吧！

〇棲木

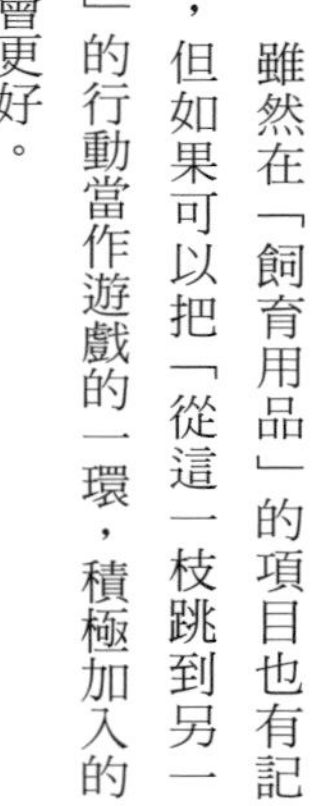

雖然在「飼育用品」的項目也有記載，但如果可以把「從這一枝跳到另一枝」的行動當作遊戲的一環，積極加入的話會更好。

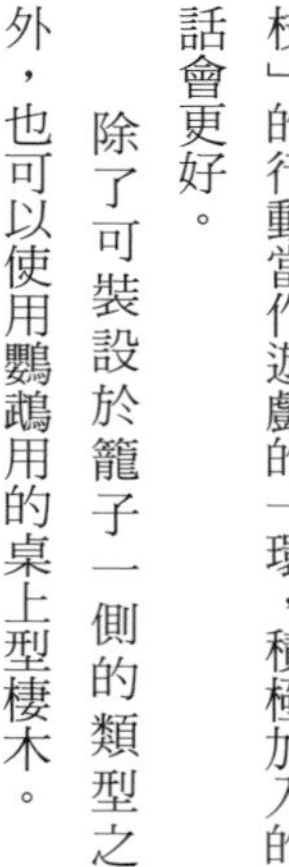

除了可裝設於籠子一側的類型之外，也可以使用鸚鵡用的桌上型棲木。

〇吊掛玩具

吊掛在籠內的鸚鵡用玩具也可以當成飛鼠的玩具。建議使用以木頭、稻草等自然素材製作的種類，有上漆的玩具請先確認安全性後再使用。

特別是囓齒目的飛鼠經常會咬東西，除了木製和稻草製的玩具以外，塑膠製和上面有小零件的玩具都請儘量避免。

如果是沒有危險性的東西，也可以將貓狗用或嬰兒用的玩具掛在籠裡給牠玩。

相較於囓齒目的飛鼠，蜜袋鼯比較不會啃咬東西，因此也可以給牠繩子或布製的玩具，但因為可能會鉤到趾甲，所以在使用這類玩具時，飼主一定要在一旁觀看並且隨時注意。

＊選擇玩具的注意點

除了上述玩具外，也可以給飛鼠玩小動物用的隧道或藏身小屋等玩具。

在選擇玩具時，請挑選就算啃咬也安全的種類，以及布料或縫線、繩子等不會鉤到趾甲的種類。有時小零件之間的隙縫也很容易鉤住趾甲，要注意。

○轉輪

飛鼠的移動方式是以爬樹後滑翔為主，幾乎不會在地上往前跑動；但如果飛鼠會玩的話，也可以在籠子裡加裝轉輪。

選擇轉輪時，要挑選腳踏的地方呈板狀或細網的款式。梯狀的款式要是踩空的話可能會導致受傷，比較危險。

另外，如果一直使用太小的轉輪，會對脊椎造成負擔。成年飛鼠大約是以直徑25～30㎝的轉輪為宜。

垂吊式網狀隧道

吊掛玩具

吊掛玩具（鳥用）

轉輪

樹型站台

棲木

住家的擺設法

住家的佈置

在此要介紹佈置飛鼠住家的範例。雖然是考量過飛鼠生態所設計的佈置，但實際佈置時也請考量家中飛鼠的個性，為牠打造出更舒適的住家吧！

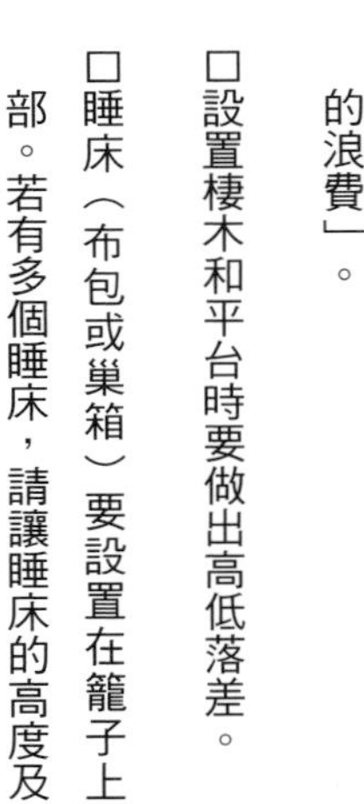

□生活空間要設置在籠子的上部。籠子下部請當成是對樹上性的動物而言「必要的浪費」。

□設置棲木和平台時要做出高低落差。

□睡床（布包或巢箱）要設置在籠子上部。若有多個睡床，請讓睡床的高度及入口方向每個都不一樣。

□飛鼠大多會在巢箱上面排泄，只要將巢箱裝設在貼近籠子頂部的地方，飛鼠就無法在上面排泄了。

□籠子底部如果有金屬網就要拆下，改鋪一層厚厚的地板材。也可以鋪上寵物尿便墊。

□從飛鼠原本的生態看來，在高處用餐應該會比較有安心感。要在平台上放東西時，請儘量放在內側，注意不要讓它掉下來。

□飲水瓶要設在方便飲用的位置。設置好後，要確認飛鼠是否有去喝水。

□籠門要裝上門鉤，以免飛鼠逃走。

將巢箱裝在貼近籠子頂部的地方，
飛鼠就無法在上面排泄了。

生活空間要設置在籠子上部。

在高處用餐會讓飛鼠比較安
心，注意別讓餐碗掉下來。

睡床要設在籠子上部。

有多個睡床時
要改變高度。

飲水瓶要設
在方便飲用
的位置。

棲木和平台
要做出高低
落差。

籠子下部的空間對樹上性的動物而
言是「必要的浪費」。

籠門要裝上門鉤。

拆下籠底的金屬網，
鋪上厚厚的地板材。

放置住家的場所

籠子要擺放在讓飛鼠能舒適度日的地方。因為野生的飛鼠可以自行移動去尋找覺得舒適的地方，但是人工飼養的飛鼠就算在不舒適的環境下也無法搬家。

有些家庭可以將籠子擺在任何地方，有些家庭能放籠子的地方則有限。雖然每家的情況都不一樣，但請在這些限制中找出一個最好的地方來設置籠子吧！

☐請避免設置在極端酷熱或寒冷、溫度過高、溫度差異過大的地方。例如窗邊就是冷熱差異較大的場所。

☐請避免會直接照到太陽的地方。尤其是夏天更要注意。

☐飛鼠雖然是夜行性的，但還是要將籠子設置在白天明亮、夜晚（飛鼠的遊戲時間結束後）陰暗的房間。請不要設置在一整天都明亮或陰暗的極端場所。

☐請選擇不會有大的噪音和震動的場所。一般的生活音應該要讓飛鼠習慣會比較好（過於安靜的話，只要有一點聲響就會讓牠嚇一跳），但是請不要發出太大的聲音。另外，由於飛鼠可以聽到人類聽不見的高周波，所以最好也不要放在電子機器和家電製品周邊。

☐深夜在籠中玩鬧的聲音、轉輪的聲音、蜜袋鼯呼喚同伴的聲音等等，飛鼠本身也是噪音的來源。請放置在不會影響人睡覺的地方吧！

☐請將籠子放在遠離貓狗、雪貂等捕食動物的地方。因為飛鼠的嗅覺很靈敏，就算這些動物不在眼前，牠也能靠氣味得知捕食動物的存在。

☐請不要放在有化學藥品或刺激性氣味飄散的房間。如果家中有地方正在裝潢時，請儘量移放到不受氣味影響的房間。

□請勿放在密閉空間內，而是要放在通風良好的地方，並注意室內的通風狀況。但是要避免放在開門時會有隙縫風吹進來的地方。

□請注意不要讓空調的風直接吹到籠子。

□如果能在溫度和照明的管理都很完善的「動物專用房間」飼養當然很好，但考慮到與飛鼠的交流，以及檢查牠們的行動與健康狀態時的方便性，或許將籠子設置在起居室等家人的生活空間裡會比較好。

□飛鼠的籠子四周很容易被食物殘渣及排泄物弄髒。將籠子四周圍起來當然可以，但最好還是不要將籠子放在不想被弄髒的地方。

□飛鼠的籠子有一定的高度；尤其是相對於高度，底面積顯得較小的籠子會更不穩定，遇到地震時有傾倒的危險。可以在籠子附近的柱子或牆面加裝掛鉤，用鐵鏈連接固定等等，事先做好防護措施以提高安全性。

我家飛鼠的籠子

case1 蜜袋鼯

這是我自己做的飛鼠運動場。用L型角材（高90×寬30×深30cm）和烤肉網做成的，和作為生活空間的鳥籠並排在一起。下圖是以前自己做的籠子（165×45×30cm、90×45×30cm）。用L型角材、烤肉網和電話線（價格便宜，用來代替鉸鍊）固定，為了補強並安裝門的固定零件，中間有再加裝木板。（Blue Glass）

case2 蜜袋鼯

我是用爬蟲類用的玻璃箱來飼養的（圖片中的是寬42×深32×高40.5cm）。和一般籠子不同的是，夜晚時聲音比較不會漏出來，很適合空間狹窄的家庭飼養。我在玻璃箱外側的側面和地板加裝了保溫板，暖氣在箱中不易散失，在冬天使用或是飼養幼鼯、年輕鼯時，這個尺寸剛剛好。最好要一面用溫濕度計確認箱內的溫度，一面調節保溫板的開關，並配合通風口的開合來進行微調。這種類型的飼養箱通常在前方也有通風口，只要留心放置地點和清潔工夫，就算夏天應該也能使用。它的天花板是2層金屬網，但為了避免鉤到蜜袋鼯的趾甲，我會將網目較細的那一層取下（UNA）。

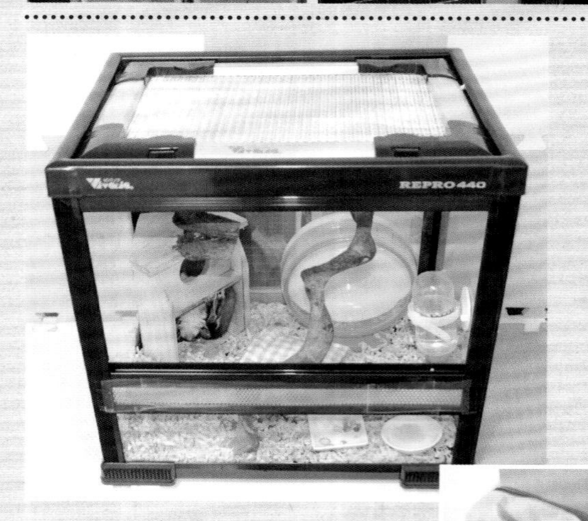

（右）冬天要上醫院時。我會在塑膠箱裡鋪一層木屑後，再放入裝有蜜袋鼯的布包。在紙箱中鋪上刷毛布毯子，塑膠箱底外側則先貼上暖暖包，再放入紙箱中；毯子與紙箱之間再放2個暖暖包來保溫。

case 3　蜜袋鼯

這是3個月大的小蜜的住家。因為溫度管理非常重要，所以我在保麗龍板裡夾了底面式保溫器，再把幼鼯用的飼養箱放在上面。圖片中是木屑，但現在已改鋪寵物尿便墊了。我預計等氣候變暖後，再將牠移到籠子裡。（彩華）

case 4　蜜袋鼯

籠子裡有作為睡床的布包和巢箱各一，冬天則會在保溫器附近再放一個布包。為了預防趾甲過長，我用的是磨趾棲木。其他還有鞦韆和梯子等玩具。（tomoe）

case 5　蜜袋鼯

圖片是我自製的籠子。我用木頭來做框架，牆壁和天花板則是用細目的網子。外側蓋了薄布、塑膠布和窗簾，下面則鋪設了保溫板。中間裝設了粗樹枝、小屋和棲木，籠子中段也裝設了木板。（小達）

case6　蜜袋鼯

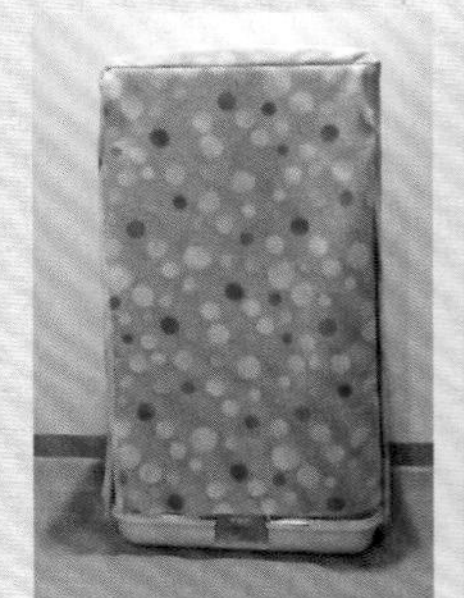

用刷毛布所做成的罩布。和第97頁的布包款式相同。（吉岡）

case 7 蜜袋鼯

我家小蜜的籠子裡只放了木頭做的巢箱、平台和咬木而已。以前還會放睡袋和轉輪等用品，但牠只會在白天睡覺時進籠，所以我就讓籠子變得更精簡了。晚上我會將牠放養在一個房間內，讓牠自由活動。房間裡也垂吊了許多玩具，變成小蜜的專用房。（山口廣美）

case 8 蜜袋鼯

因為牠才8個月大，我怕換到大籠子裡牠會覺得冷，所以在比橘子紙箱還稍微大一點的籠子裡鋪了保溫墊，外側則設置了保溫板，再蓋上刷毛布。地板鋪了2片寵物尿便墊，打掃時視髒污程度更換1～2片。因為我聽說木屑碎片很容易四處飛散，非常麻煩，而且用寵物尿便墊比較可以勤加更換，較為衛生，因而使用尿便墊。（小梅）

case 9 蜜袋鼯

在高約150cm的大籠子中，現在共有6隻（2對與各對的女兒各1隻）生活於其中。我家的公鼯們感情很好，因此可以同居在一起。

籠子裡設置了複數的布包和木頭巢箱、稻草巢箱（我自己做的）等，就如圖片所示，我家的小蜜們就算是在夏天也會全部擠在一起睡覺。（Nabi）

case 10 蜜袋鼯

我使用的是長型的籠子。裡面設置了木梯、鳥用棲木、鳥用鏡子、壁掛式飲水瓶等。底部放了木墊（百元商店有售）、刷毛毯和刷毛襪（人用的1隻，作為睡床）。入口用門鉤鎖上，籠子的兩面以寵物尿便墊蓋住。（Waka）

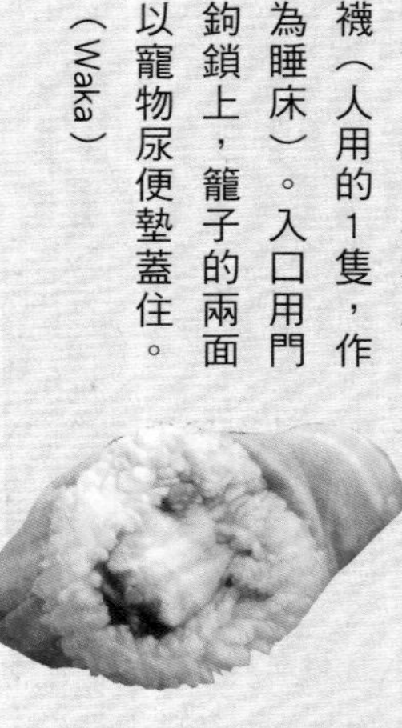

case 11　美南飛鼠

因為牠會抓著籠子尿尿，所以我配合籠子的大小做出了較大的圍欄。圍欄上貼了狗狗用的尿便墊，籠子裡也鋪了尿便墊。由於尿便墊會吸收尿液，因此氣味也很少。（Jenmei）

case 12　美南飛鼠

我用的是龍貓的飼養籠。籠中設有一處平台和4枝棲木。雖然也有帳棚和吊床，但牠都是在鋪有棉花的箱子裡睡覺的。（龍威媽媽）

case 13　美南飛鼠

我是在籠裡先鋪報紙，上面再鋪一層厚3～4cm的白楊樹和麻的混合木屑作為地板材（因為牠運動時偶爾會掉下來，也可預防受傷）。小屋我放了椰子殼、稻草和布製的3種。當天氣很冷時，牠會在布製的小屋睡覺，其他小屋則用來貯藏食物。另外還設置了咬木、攀爬木及飼料盒等各2個，還有保溫燈泡附罩（40W）、梯子、飲水瓶和2個平台。因為放了很多東西，感覺似乎有點狹窄，但由於籠子本身夠大，而且在設計上可以讓牠自由運動，所以一到牠活動的時間，牠就會來個後空翻等等地到處跑來跑去。（奏）

case 14　美南飛鼠

飛鼠們在的房間是牠們專用的，24小時都有空調進行溫度管理。白天很明亮，夜晚點上紅色的燈光，飼主睡覺時則會把燈都關掉。室內散步是在蚊帳裡頭進行的。轉輪和轉輪內側的磨爪板是在美國的商店買的。（mifa）

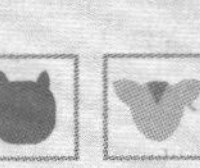

收集飛鼠！

飛鼠商品大收集 part 2

在Part 2要介紹的是獨特又時髦的飛鼠商品！

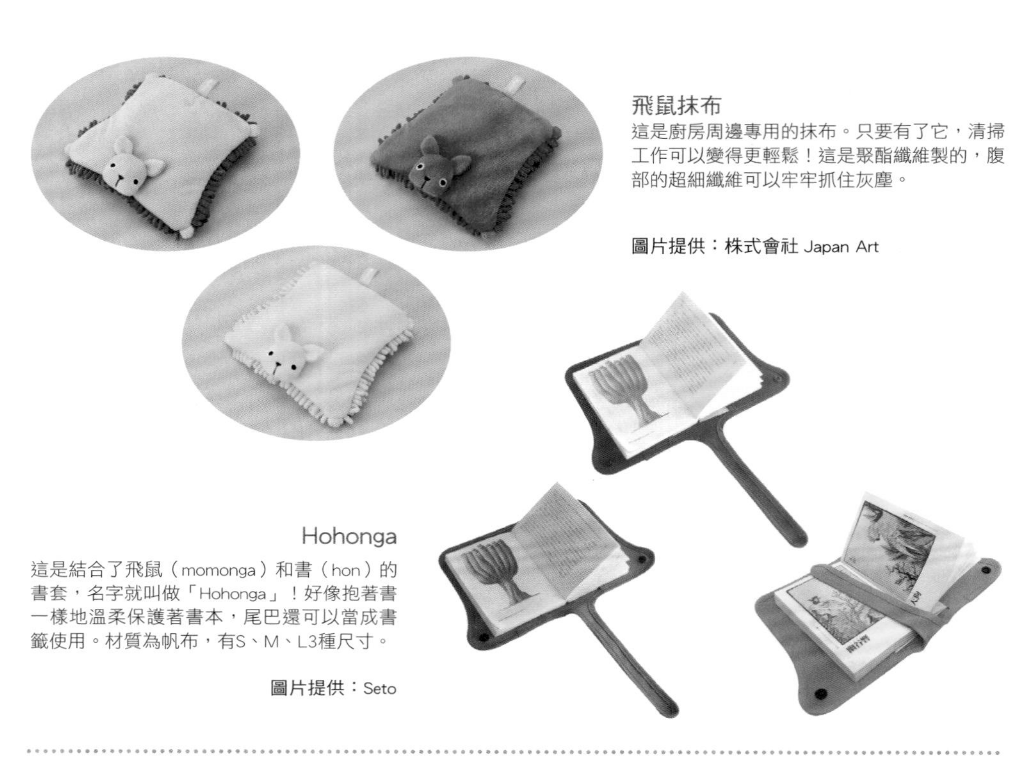

飛鼠抹布

這是廚房周邊專用的抹布。只要有了它，清掃工作可以變得更輕鬆！這是聚酯纖維製的，腹部的超細纖維可以牢牢抓住灰塵。

圖片提供：株式會社 Japan Art

Hohonga

這是結合了飛鼠（momonga）和書（hon）的書套，名字就叫做「Hohonga」！好像抱著書一樣地溫柔保護著書本，尾巴還可以當成書籤使用。材質為帆布，有S、M、L3種尺寸。

圖片提供：Seto

蜜袋鼯的親密家庭

詳細表現出蜜袋鼯的特徵，就好像真的一樣！這是用羊毛氈和鐵絲製成的，可以變換姿勢。

蜜袋鼯・悠斗君

希望森林裡的同伴們大家都幸福……今天晚上也出動的蜜袋鼯・悠斗君。只要一看到壞蛋，就會用橡樹果砸牠的腦袋瓜。

飛鼠♪ 日本飛鼠★翔

勇氣十足又有強烈正義感的飛鼠滑翔隊的小翔，今天晚上照常出去夜間巡邏了。圓滾滾的大眼睛超級可愛！

圖片提供：手作雜貨通販「Handmade Shop moca*a」

此為2010年5月的資訊。詳細詢問處請看185頁。

feeding sugar glider & flying squirrel

第5章
飛鼠的飲食

營養的基本

人和動物都是藉由吃東西來攝取維持生命活動所需的營養素的。

我們所吃下去的東西並非直接能被身體利用，而是要在體內消化、吸收後，經由代謝而在體內被合成、分解，之後才會成為構成身體、調節生理機能的成分等的材料。

營養素各有各的功效，會一面相互影響，一面作用。對動物來說，能不能攝取到必需的營養素，大大關係著個體的成長、健康、免疫力、壽命及繁殖。

營養素可以分成：作為熱量來源的「蛋白質」、「碳水化合物」、「脂質」（3大營養素），以及雖然不是熱量來源，但卻是動物生存時不可或缺的「維生素」及「礦物質」（5大營養素）。另外也可以再加上「水」，構成「6大營養素」。

蛋白質

蛋白質是構成肌肉、皮膚、毛髮、指甲、骨骼、內臟等體內組織的材料，也和血液、酵素、荷爾蒙、免疫物質等的作用有關。另外，當攝取了超過所需的量，或是熱量不足時，蛋白質也可以作為熱量來源。

蛋白質不足時，會出現成長遲緩、消瘦、皮膚及毛髮狀態不佳、免疫力低下等不良影響；如果是在懷孕期間，對胎兒也會有影響（成長遲緩、腦細胞數減少等）。萬一攝取過多時，會被分解成為尿液排出，因此會對肝臟和腎臟造成負擔。此外，有一部分會轉化成醣類和脂質。

・胺基酸

胺基酸的種類大約有20種，是構成蛋白質的物質。其中有些是無法在體內合成、必須藉由飲食才能攝取的「必需胺基酸」。

嚙齒目動物的必需胺基酸有：精胺酸、組胺酸、酪氨酸、異白胺酸、白胺酸、賴胺酸、蛋胺酸、苯丙胺酸、酥胺酸、色胺酸、纈胺酸等。順帶一提，貓的必需胺基酸則是由牛磺酸來取代酪胺酸。

碳水化合物

碳水化合物分為「醣類」和「纖維質」。醣類是主要的熱量來源之一，會運行至全身加以作用，不會馬上使用的則會累積在肝臟和肌肉中。一旦缺乏，熱量就會不足；攝取過剩的話，則會成為肥胖的原因。醣類可分成單醣類（葡萄糖、果糖等）、雙醣類（蔗糖、寡糖等）和多醣類（澱粉、肝糖等）。

纖維質（食物纖維）雖然不是營養素，但卻有極為重要的功能。它不會被動物的消化酵素分解，只會被腸內細菌分解

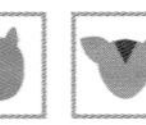

美南飛鼠 蜜袋鼯 圖示說明

▶▶ 必需胺基酸及其主要功能

胺基酸	主要功能
精胺酸	與成長荷爾蒙的合成和體脂肪代謝有關，有助於免疫反應、強化肌肉
組胺酸	與成長有關，可輔助神經機能
白胺酸	可提高肝臟機能、強化肌力
異白胺酸	促進成長、輔助神經機能、擴張血管、提高肝臟機能、強化肌力
纈胺酸	與成長有關，可調整血液中的含氮量，提高肌肉、肝臟機能
賴胺酸	可修復身體組織，與成長及葡萄糖代謝有關、提高肝臟機能
蛋胺酸	降低組織胺的血中濃度、改善憂鬱症狀
苯丙胺酸	生成神經傳導物質、提高血壓、鎮痛作用、抗憂鬱作用
酥胺酸	促進成長、預防脂肪肝（也稱為羥丁胺酸）
色胺酸	為神經傳導物質的原料，可讓精神安定，有鎮痛效果
牛磺酸	和神經機能、腦部發展、維持視網膜及心肌機能等有關（雖然可於體內合成，但由於分量不足，因此必須從食物中攝取）

一部分。纖維質具有能夠刺激腸的蠕動，吸收腸內的有害物質和吞下的被毛並加以排出，使得消化道內的環境恢復正常的作用。依照是否易溶於水的特性，可以分成水溶性食物纖維和非水溶性食物纖維。

脂質

脂質是效率良好的熱量來源，和蛋白質及碳水化合物相比，效力約為2.25倍。可構成生體膜和腦部、神經組織等，製造免疫物質、保護血管、分泌荷爾蒙、提高脂溶性維生素的吸收等，具有極為重要的作用。另外，在脂質的主要成分「脂肪酸」中，有些是無法於體內合成而必須從飲食中攝取的必需脂肪酸（亞油酸、α-亞麻油酸、花生四烯酸），而脂質也是這些必需脂肪酸的供給源。缺乏必需脂肪酸是造成繁殖力和免疫力低下的原因之一。

脂質過剩會引起肥胖、高脂血症、脂肪肝等；缺乏時則會引起熱量不足、治癒力低下、皮膚乾燥等問題。

維生素

維生素雖然並非熱量來源及構成身體的成分，但就像下一頁的表格所述，具有幫助身體機能及新陳代謝的重要作用，是一點都不可欠缺的營養素。雖然可於體內合成，但由於分量不足之故，因此必須從食物中來攝取。維生素可分為溶於脂肪的「脂溶性維生素」和溶於水的「水溶性維生素」。各維生素的作用及缺乏與過剩時的影響請看次頁表格。

維生素E、C、B_2、β-胡蘿蔔素（變成維生素A之前的物質）具有抗氧化作用，可去除造成老化的活性氧，是非常受到矚目的維生素。但由於維生素A、E是脂溶性維生素，會累積於肝臟之故，因此要注意不可大量攝取。

食慾不振時，所攝取的維生素就會減少；如果罹患會引發多尿的疾病時，水溶性維生素的排泄量就會變多……依照不同的狀況，也會影響到維生素的要求量。

礦物質

礦物質是指人體內含有的元素中除了氧、氫、碳、氮之外的其他無機質，大約有40種。其中有18種為必需礦物質，依照其在體內的存在量，又可分為主要礦物質（鈣、磷、鉀、鎂、鈉、氯、硫）和微量礦物質（鐵、鋅、銅、碘、硒、錳、鈷、鉬、氟、硼、鉻）兩種。

礦物質就如下表所示，是體內器官及組織的構成要素，也和酵素及荷爾蒙等有關，佔有非常重要的角色。

▶▶ 主要維生素與礦物質的作用

		作用	缺乏	過剩
脂溶性維生素	維生素A	維持皮膚和骨骼的正常發育、視蛋白的構成成分、免疫作用等	新生兒的死亡率會提高、骨骼變形、夜盲症、食慾不振等	成長遲緩、食慾不振等
	維生素D	結合磷與鈣時不可或缺的、骨骼形成、骨骼吸收、免疫機能等	佝僂病、骨骼脫灰等	高鈣血症、石灰沉著症等
	維生素E	繁殖時不可欠缺的、抗氧化作用	懷孕異常、繁殖障礙、肌肉的脆弱化或癱瘓、免疫力低下等	荷爾蒙不平衡
	維生素K	血液凝固時不可欠缺的	血液凝固時間的延長、皮膚或組織的出血	可能造成血栓
水溶性維生素	維生素C	合成膠原蛋白、強化肌肉和皮膚、抗氧化等	（天竺鼠等無法合成維生素C的動物會得壞血病）	（無害）
	維生素B_1	代謝碳水化合物時不可欠缺的、維持神經機能等	食慾低下、肌肉脆弱化、體重減輕、多發性神經炎等	血壓降低等
	維生素B_2	胚胎發育、胺基酸代謝、促進成長等	繁殖障礙、胎子畸形、成長不良、運動機能障礙等	（幾乎無害）
	維生素B_6	脂質的代謝和運送、不飽和脂肪酸的合成	痙攣、肢端疼痛症、食慾不振、成長不良、體重減輕等	（幾乎無害）
	菸酸	輔助組織內呼吸	皮膚發紅、口腔內及消化道潰瘍、食慾不振、下痢等	（幾乎無害）
主要礦物質	鈣	骨骼的形成和成長、血液凝固、肌肉作用、神經傳導等	抑制成長、食慾低下、後肢癱瘓等	餵食效率及攝取餵食量的低下等
	磷	骨骼與牙齒的形成、體液、肌肉形成、脂質・碳水化合物・蛋白質的代謝等	和鈣一樣，以及繁殖能力低下等	骨質流失、結石、抑制體重增加等
	鉀	細胞的構成成分、維持血壓、肌肉收縮、神經刺激傳達等	食慾不振、抑制成長、下痢、腹部膨脹等	心悸
	鎂	和鈣、磷一樣，酵素的構成成分、碳水化合物・脂質的代謝等	心臟功能異常、腎功能障礙、容易興奮、肌肉變弱、食慾不振等	尿結石、肌肉鬆弛性癱瘓等
	鈉	體液的構成與維持、神經刺激傳達、營養攝取、排除老廢物質等	水分調節異常、一般狀態的惡化、抑制成長、食慾低下等	若沒有充分攝取水分會造成腎臟負擔
微量礦物質	鋅	酵素的構成成分與活性化、皮膚及傷口的治療、免疫應答等	抑制成長、食慾不振、發毛遲緩等	（很少）
	錳	骨骼形成、酵素的構成成分與活性化、脂質・碳水化合物的代謝等	成長不良、排卵異常、新生兒或胎子的異常與死亡、睪丸萎縮	（很少）
	鐵	合成血紅素、酵素成分等	營養性貧血、被毛雜亂、抑制成長等	食慾不振、體重減輕等
	碘	合成甲狀腺素、成長與發育、組織的新生	營養性甲狀腺腫、被毛雜亂等	和缺乏時一樣，食慾減退等

營養失調所引起的問題

營養不均衡會引發各種問題。

就蜜袋鼯來說，許多容易罹患的疾病都可說是因為飲食不當所產生的。其中最具代表的就是代謝性骨骼疾病了，詳細說明請看第150頁。簡單說來，這就是鈣與磷的攝取不均衡所導致的疾病。美南飛鼠也一樣，如果飲食的內容出問題的話，就會引發各種疾病。

・鈣與磷的均衡

鈣與磷的比例以1～2：1為理想，但由於含磷量較多的食物比較多的關係，一不小心磷的比例就會變得過高。磷不僅會妨礙鈣的吸收，磷太多的話，為了維持血液中的均衡，骨骼組織就會將鈣溶出，導致骨骼變得疏鬆脆弱。

・維生素D不足會導致鈣不足

鈣質要被骨骼吸收、沉澱，維生素D是不可或缺的。維生素D有從植物中取得的維生素D2，以及從動物中取得的維生素D3。維生素D如果不足的話，很可能也會導致鈣不足。

維生素D的前驅物質「維生素D原」要轉化成維生素D，必須經由紫外線的照射才行，但由於飛鼠是夜行性動物，幾乎沒有機會可以照射充分的紫外線，因此才容易有缺鈣的問題吧！

・過度肥胖

和為了尋找食物而頻繁活動的野生飛鼠相較，人工飼養的飛鼠可說是經常處於運動不足的狀態。即使不特意去找也有豐富的食物可吃，再加上飼主往往會給牠吃嗜口性高的飼料（大部分都是醣類或脂質較多、容易發胖的東西），結果就是讓飛鼠發福起來。特別是蜜袋鼯，目前已知母體若是肥胖的話，幼鼯就會罹患早發性白內障（參照第157頁）。

另外，在實驗下的資料顯示，蜜袋鼯的基礎代謝很低，130g的個體的基礎代謝量是46.2千焦耳（約11大卡），活動時的熱量消耗量為84～126千焦耳（約20～30大卡）；而野生的蜜袋鼯則為182～229千焦耳（約43.5～54.7大卡），佔了體重的17%。

蜜袋鼯的飲食

蜜袋鼯的食性

養來作為寵物的動物，很難給牠和野生時相同的食物。考慮到能否長期供給，基本上最好還是以容易買到的食物來構成菜單會比較方便。以此為前提，了解其在野生狀態下的食性是非常重要的。不僅要知道這些食物中含有什麼營養素、動物性和植物性哪一種食物的含量較多等營養面的問題，也要知道牠們吃的是什麼型態的食物才行。

蜜袋鼯是昆蟲食傾向較強的雜食性動物。牠們會吃尤加利樹的樹膠（由樹幹分泌的有黏性的液體）、樹汁、花粉、花蜜、嗎哪（Manna，桉樹樹幹所分泌的甜樹汁）、食蜜昆蟲的分泌物、昆蟲（成蟲、幼蟲）、蜘蛛、鳥蛋、小型鳥類或囓齒目動物、蜥蜴等小型生物。在春・夏是以昆蟲為主食，到了秋・冬則是以植物性的食物為主。另外，牠長長的前腳無名趾可以將昆蟲從樹皮中掏出，也可以用下顎的長切齒剝開樹皮、舔食樹汁。

○吃東西時的特徵及蜜袋鼯餐廳

蜜袋鼯吃東西時有一個特徵，牠們會將昆蟲類的體液吸出來，堅硬的外殼則予以丟棄——這種吃東西的方式也會出現在飼育狀態下。在狼吞虎嚥地吃東西的同時，會將堅硬的部分及纖維質等「呸～」地吐掉，也因此，餐碗及籠子四周都會遭殃。

在此，有個方法可以避免這種情形，亦即讓牠在附有蓋子的地方吃東西。可以用倉鼠用的塑膠飼養箱，或是用密閉

容器也可以。將容器上下顛倒，有寬度及深度的盒體在上方，於側面開洞以作為出入口，再將餐碗放在蓋子上即可（在國外，將此稱為「蜜袋鼯餐廳」）。

思考關於蜜袋鼯的飲食

連狗的飲食都爭論不休了，更何況是蜜袋鼯這種作為寵物的歷史尚短的動物，在飼育狀態下的飲食上大家各有意見，出現莫衷一是的情形也就無可厚非了。

在此，要告訴各位目前在針對成熟蜜袋鼯的飲食上，一般所認為的最佳方法。

要給予蜜袋鼯在野生狀態下所吃的食物並不容易，因此在飼育時，就會改從能獲得的食物中，給予最接近其野生狀態下的食物。根據推測，若是一整年平均下來，蜜袋鼯並不會極端地偏好動物性或植物性的食物。因此在飼育時，基本上也是要均衡地給予動物性和植物性的各種種類的食物。

在78～83頁中所列舉的各種食材中，如果能選用動物性・植物性各半的食材進行餵食，讓牠均衡地攝取的話，就不會有什麼問題。但最大的問題就是大部分的蜜袋鼯對食物的好惡都很明顯，只會吃自己喜歡的東西。這樣的話，在營養上就容易失調，成為罹患蜜袋鼯好發的代謝性骨骼疾病的原因。

在此，為了儘量提供營養均衡的飲食，建議在貂食、狗食、貓食中選擇標有「綜合營養食」的種類，以作為動物性蛋白質的供給源。另外，也可以在花蜜食的鳥類飼料中，選擇吸蜜鸚鵡用的人工飼料粉，以作為植物性蛋白質的供給源。

這些飼料都是以各種食材製作而成的，不同於單一食材，每一口都能吃到均衡的營養。

應該要餵食什麼？

○視情況來調整飲食內容

蜜袋鼯和倉鼠或兔子等經濟動物不一樣，並沒有顯示該動物所需之營養分量的「營養要求量」的資料。因此，不僅是要如前所述般，將動物性和植物性的食物各半給予，視蜜袋鼯的情況、身體狀態來調整飲食內容也是很重要的。在成長期和繁殖期時動物性蛋白質的需要量會增加，而為了讓蜜袋鼯健康長壽，也要避免給牠超過所需的高卡路里飲食。要是蜜袋鼯過胖或過瘦的話，就必須要調整飲食內容。

○營養的均衡

如上所述，鈣與磷的比例以1～2：1為理想，因此請盡可能地注意要接近這項比例。由於大部分的食物磷的含量都比較多，所以請留心選擇含鈣量較多的食材。

point

蜜袋鼯的菜單架構

▶蜜袋鼯的飲食基本

動物性：3～4種 50%
植物性：吸蜜鸚鵡飼料粉 50%
植物性：水果 ‧ 蔬菜 3～4 種作為點心（佔整體的10%以下）

▶有偏食傾向的蜜袋鼯

動物性：3～4種 25%
動物性：寵物食品 25%
植物性：吸蜜鸚鵡飼料粉 50%
植物性：水果 ‧ 蔬菜 3～4 種作為點心（佔整體的10%以下）

▶明顯偏食的蜜袋鼯

動物性：寵物食品 50%
植物性：吸蜜鸚鵡飼料粉 50%
植物性：水果 ‧ 蔬菜 3～4 種作為點心（佔整體的10%以下）

*分量大約是動物性食物和植物性食物各 2 大匙。
*也可以用楓糖、蜂蜜、Leadbeater's mix（參照第 178 頁）來代替吸蜜鸚鵡飼料粉。
*水果 ‧ 蔬菜可以切成適當大小餵食，也可以用果汁機打成汁後再餵食。放入製冰盒冷凍起來，餵食前再予以解凍。

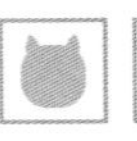

○蜜袋鼯菜單一例

在此介紹的菜單雖然不是最新的，卻是擁有飼育實績的菜單。有些食材或許較難買到，但不妨參考一下菜單整體的感覺吧！

case1……澳洲・Taronga 動物園・Squirrel Glider

※Squirrel Glider的平均體重為245g，是蜜袋鼯的2倍重，在參考餵食量時也請把這一點列入考慮。

蘋果…3g、**狗食**…1.5g、**葡萄或奇異果**…3g、**番薯**…3g、**西洋梨**…2g、**昆蟲**（若有的話）、**Leadbeater's mix**…2茶匙、**香蕉或玉米**…3g、**蒼蠅蛹**…1小匙、**水煮蛋**…10g、**柳橙**…4g、**出生一天的雛雞肉**（每週1次）、**哈密瓜或木瓜**…2g

case2……芝加哥動物園

蘋果、**紅蘿蔔**、**番薯**、**香蕉**…各1茶匙（切碎）

美生菜…1茶匙

水煮蛋的蛋黃…半顆

高品質的貓科動物飼料…1茶匙

麵包蟲…12隻（飼養後特別提高營養的）

case3

Leadbeater's mix…50%

食蟲目或雜食動物的飼料…50%

case4

昆蟲食或肉食動物的合成飼料（作為主食）

Leadbeater's mix…（總量的30〜50%。1隻1茶匙）

活的昆蟲幼蟲…各種種類皆可（至少要養3天，提高營養價值後再餵食）

case5

蛋白質…25%（雞肉、蝦、魚、豬肉、黃豆、水煮蛋、牛肉）

水果…25%（藍莓、桃子、西洋梨、蘋果、哈密瓜、芒果、木瓜等）

蔬菜…25%（青豆、紅蘿蔔、少量的玉米、羽衣甘藍…不會結球的高麗菜家族之一、菠菜、番薯等）

混合食…25%（優格…調味・原味・黃豆基底、綜合人工飼料粉、脫脂起司、mix的菜單。偶爾可加入麥片或通心粉等纖維源）

餵食時的注意點

○餵食的時間

由於蜜袋鼯是夜行性動物，所以要在傍晚至夜晚的時間來進行餵食。由於牠們原本就是在樹上採食的動物，因此可以的話，請將餐碗放置在籠子的高處吧！

在牠們睡醒前就將食物準備好也是一個方法，但考慮到野生的蜜袋鼯一起床就會開始找東西吃，特別是蜜袋鼯又容易發胖，還是稍微讓牠們活動一下再餵食會比較好。

由於蜜袋鼯的食物水分較多，容易腐敗，如果沒有吃完的話，請於餵食後的隔天早晨從籠中取出。另外，餐碗也要仔細清洗過後再留待下次使用。

○餵食的分量

分量以動物性、植物性各2大匙為基準。如果能全部吃完的話，就稍微再增量一點看看，確認一下吃不完的分量有多少，比該分量再少一些就是適量了。也有報告指出，適當的分量大約是蜜袋鼯體重的15～20%左右。

決定好分量後，請仔細觀察蜜袋鼯的體型。如果較胖的話，就要減少分量；較瘦的話，就要增加高卡路里的食材。

○偏食對策

成年的動物對於沒吃過的東西都會非常慎重。請從牠「轉大人」的時候起就給牠吃各種食物，以增加牠願意吃的菜單種類吧！

蜜袋鼯在嗜口性上非常挑剔。牠們普遍都喜歡甜的東西和昆蟲類，如果吃愛吃的東西吃飽了的話，對沒興趣的東西就會不屑一顧，因此，會只吃自己喜歡的東西，而造成營養失調。請下點工夫，從牠不是很喜歡的東西開始餵食，或是用果汁機打碎。

要改變飲食內容時，請勿一下子全部換掉，而是要一點一點地改變。

囓齒目飛鼠的飲食

美南飛鼠的食性

美南飛鼠究竟是吃什麼東西呢？在思考其飼育菜單的同時，了解其野生狀態時的食性也是很重要的。野生的美南飛鼠會吃樹木果實，但如果飼主覺得看牠剝殼好像很麻煩，就不給牠帶殼食物的話，等於是剝奪了牠原本的習性。

野生的美南飛鼠是雜食性的。在松鼠類中，算是比較常吃動物性食物的。牠們會吃山胡桃、美洲胡桃、核桃、山毛櫸、橡樹、榛果等樹木的果實，以及橡子（赤樫、黑樫、大果櫟、白櫟、美國針櫟等）、種子、莓果類、果實、葉子、葉片新芽、花、樹皮、樹汁、菇蕈類、鳥蛋或雛鳥、幼鼠、死肉、昆蟲（金龜子等甲蟲、蛾）、蜘蛛、蛞蝓、蝸牛等。

一接近冬天，牠們就會在巢穴或枯葉下方貯藏樹木果實。

*西伯利亞小鼯鼠（蝦夷飛鼠）的食性

和比較常吃動物性食物的美南飛鼠不一樣，西伯利亞小鼯鼠幾乎只吃植物性的食物。目前已知蝦夷飛鼠在春天至夏天會吃柳樹、樺樹、赤楊、春榆的嫩葉，夏天至秋天會吃樺樹、赤楊、楓樹、楢樹的種子，冬天時則會吃樺樹、赤楊、楢樹的樹皮或冬芽。

另外，蝦夷飛鼠越接近冬天就越會吃，體重也會比夏天時增加15～20％。

應該要餵食什麼？

飼養美南飛鼠時，要以水果、蔬菜、雜穀類等植物食為中心，並且每天給予動物性的食物。

就算準備了各式豐富的食物，如果牠只吃其中幾樣的話，營養就會失調。要均衡地補充各種營養，建議使用合成飼料。雖然概稱為合成飼料，但種類卻很繁多，其中值得信賴的是小鼠・大鼠用的實驗動物飼料（也有小包裝在寵物店裡販售作為「倉鼠用」的）。這種小鼠・大鼠用的實驗動物飼料，也有被拿來作為和美南飛鼠的食性比較相似的花栗鼠的實驗動物飼料。

合成飼料美中不足的就是缺乏了環境的豐富性。要剝開樹木果實的殼，或是將小種子的殼剝掉之後再吃，雖然看起來麻煩，但這種行為卻能帶給飛鼠滿足感。此外，不僅是蔬菜類，將柳樹、柏樹、栗樹等樹葉整個連枝給予，或是給牠活的動物性食物，也是不錯的方法。水果雖然也是飛鼠喜歡的食材，文獻上甚至記載了「食物中有40％是水果」，但水果吃太多會造成肥胖，因此也要適可而止。

樹木果實對飛鼠來說雖然是主食之一，但對於在飼育環境下運動量明顯不足的飛鼠來說，營養價值太高了，因此請定位在「零食」的程度就好。

point

美南飛鼠的菜單架構

- 合成飼料（建議：實驗動物飼料）
- 水果
- 蔬菜
- 雜穀類
- 動物性食物（約佔整體的 10%）

＊分量為全部加起來約 25g 左右。

＊西伯利亞小鼯鼠要餵食什麼？

西伯利亞小鼯鼠幾乎只吃植物。可以給牠蔬菜、水果和雜穀類，但卻不需要像美南飛鼠那樣積極地給予動物性食物。可以的話，建議給牠柳樹、柏樹、栗樹、欅樹、櫟樹、橡樹等的葉子，以及帶有樹皮的樹枝等。

餵食時的注意點

○注意其為「嚙齒目」

美南飛鼠是嚙齒目的動物，所以門牙會一輩子持續生長。因此，很容易讓人誤以為「一定要給牠吃硬的東西才行」，但一直給牠過硬的東西吃反而會給牙齒帶來負擔。就算不給牠那麼硬的食物，吃東西時上下門牙也會互相摩擦；即便沒有吃東西，牠也會自己摩擦上下門牙，因此不一定非得要讓牠吃「硬的食物」才行。

○營養的均衡

請參照72頁。

○餵食的時間

餵食的時間請選在飛鼠活動的傍晚至夜晚時段。考慮到牠們原本的生活方式，最好在籠內的高處進行餵食。

也可以在飛鼠睡醒前就將食物準備好，但原本飛鼠起床後就會到處活動尋找食物，因此飼主如果有時間的話，還是等飛鼠睡醒後過一陣子再餵食會比較好。

蔬菜和水果等水分較多的食物容易腐壞，到了隔天早上請務必從籠裡拿出來。

○餵食的分量

大約以25g左右為基準。請測量體重並觀察其體格。如果太胖的話，就要減少脂質或醣類較多的食物；如果太瘦的話，就要稍微多加一些高蛋白質的食物。請仔細觀察飛鼠的狀態再來判斷。

○偏食對策

最重要的是，從年輕時就要給牠種類豐富的食物，並且從想讓牠吃的食物開始給予。有時牠會無視自己不喜歡的食物，而將喜歡的食物藏在巢穴中大快朵頤，因此偶爾也要檢查一下牠的巢穴。

飛鼠吃葉子的方法

在第16頁中介紹了白頰鼯鼠的食痕。雖然同為滑翔的夥伴，但飛鼠的食痕又有點不太一樣。這是日本飛鼠吃橡樹葉的食痕，並不像白頰鼯鼠一樣會將葉子對折，而是會從一側的下方開始吃，吃到末端後再繼續吃另一側，將整片葉子都吃掉。你家的飛鼠在吃東西時是不是也有某些特徵呢？

飛鼠的食材目錄

寵物食品（合成飼料）

○蜜袋鼯的合成飼料

可以選擇的有狗食、貓食、貂食的「綜合營養食」，還有蜜袋鼯專用飼料、食蟲目動物飼料、猴子飼料等等。並非因為是蜜袋鼯，用「蜜袋鼯專用」的就一定會比較好。當然，作為飲食的一環來給予並沒有問題，但是因為不知道在製造階段時的研究開發究竟進行至何種程度，所以選用實驗動物飼料，或是值得信賴的廠商所生產的狗食、貓食等，品質應該會比較好一些。

如果要選用蜜袋鼯專用飼料為主食的話，請選擇對蜜袋鼯進行過充分研究後所開發出的飼料。就現階段而言，以狗食、貓食、貂食的「綜合營養食」來作為主食，應該比較不會有問題。雖然尚未清楚蜜袋鼯的營養要求量，但有報告顯示蛋白質至少要有24％才行。

另外也有報告表示，貓食的營養成分對蜜袋鼯而言並不適當，所以最好不要餵食。但是，如果是值得信賴的廠商所生產的飼料，只要飼主注意不要只餵貓食，應該就不會有問題。

○蜜袋鼯的人工飼料粉

作為植物性食物，可以給予吸蜜鸚鵡用的人工飼料（如「吸蜜粉」等）。有顆粒狀、粉末狀和溶水後再使用的類型。在專門的鳥店或是對鳥類也有研究的寵物店裡都買得到。

狗食

實驗動物飼料（小鼠・大鼠用）

美南飛鼠專用飼料

蜜袋鼯專用飼料

吸蜜粉

蜜袋鼯專用飼料粉

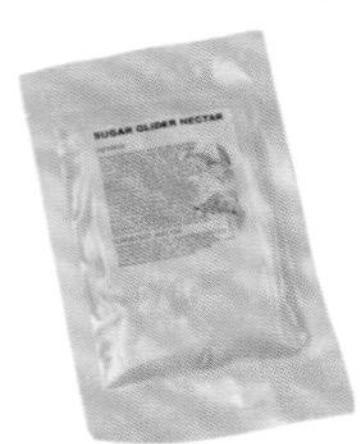

圖片提供：cap!

○嚙齒目飛鼠的合成飼料

建議以實驗動物飼料（小鼠・大鼠用）來作為主食。在美南飛鼠的飲食議題上，就跟蜜袋鼯一樣；如果是值得信賴的美南飛鼠專用飼料的話，可以用來作為主食之一。

※狗食等飼料要給予乾燥的顆粒型。如果是用罐頭濕糧的話，蜜袋鼯很容易會將周圍弄髒，對美南飛鼠而言也不是容易入口的食物。若是蜜袋鼯，乾飼料直接放著牠可能不會去吃，不妨稍微泡軟後再餵食。

※合成飼料一旦開封，品質就會開始下降。請盡可能選擇小包裝的產品，開封後確實密封，保存於陰涼處，儘早使用完畢。

動物性食物

除了容易買到的麵包蟲、蟋蟀之外，也可以餵食麥皮蟲、蠟蟲、蠶寶寶等。由於活餌很符合牠們在野生狀態下的食性，所以不管是蜜袋鼯還是美南飛鼠都非常喜歡吃；但因為蟲餌在營養的均衡上鈣與磷的比例欠佳，因此請將蟲餌本身的營養狀態調整好後再給予（參照第179頁）。如果飼主怕蟲的話，也有處理過的麵包蟲和蟋蟀等罐頭可供選擇。

除此之外，也可以餵食肉類（不帶骨的雞肉，去除皮和脂肪後用水煮熟。瘦肉等）、乳鼠、水煮蛋等。若要餵食乳製品，請用乳糖含量比牛奶更少的優格或起司。要餵奶水時，不能用牛奶（可能會因無法分解乳糖而下痢），而是要用寵物奶。狗食、貓食、貂食等也可以用來補充動物性食物。

蟋蟀、麵包蟲等

小魚乾

低脂起司

水果

新鮮水果是維生素C的供應來源，不論是蜜袋鼯還是囓齒目的飛鼠都很喜歡吃。不僅要給予一年四季皆可買到的水果，也請加入當季盛產的水果。

尤其甜度高的水果更是蜜袋鼯的最愛，不過糖漬的罐頭水果糖分就太高了。萬一牠毫無食慾時，可以當作「秘密武器」來使用，但除此之外還是不要給牠吃吧！

可以餵食水果乾，但要選擇不含防腐劑的種類。也可以少量地給予囓齒目的飛鼠以作為點心。若是蜜袋鼯肯吃的話，不妨也給牠作為點心食用，但因為水分含量少、無法吸食果汁的關係，或許不怎麼受歡迎。

＊有些水果的種子具有毒性，像是飼主可能會拿來餵食的櫻屬的植物（櫻桃、枇杷、桃子、杏子、梅子、李子等），其尚未成熟的果肉和種子中含有會引起中毒的成分（但成熟後毒性就會分解）。囓齒目的飛鼠在野生時或許有機會能吃到櫻桃，因此只要是成熟的，就算餵食應該也沒問題；但由於櫻桃種子所含的中毒成分得花不少時間才能分解，因此請注意不要給予太多櫻桃。

＊柑橘類是很好的維生素C來源，但由於會讓糞便變得稀薄，為免造成下痢，請勿餵食太多，適量即可。

【水果清單】

蘋果、香蕉、莓果類（草莓、藍莓、蔓越莓、覆盆莓等）、柿子、枇杷、櫻桃、葡萄、葡萄柚、李子、奇異果、柳橙、橘子、木瓜、桃子、芒果、梨子、西洋梨、蜜棗、西瓜、哈密瓜、無花果等。

蘋果

柑橘

草莓

奇異果

蔬菜

是主要的維生素及礦物質來源，纖維質的含量也很豐富，是很好的食材。請用流水充分洗淨，去除損傷部分後再給予。有些飛鼠不喜歡吃蔬菜。如果可以給牠柳樹之類的葉子，這樣就足夠了；或者也可以給牠一些比起農作物更接近原本食材的野草（蒲公英、車前草、薺菜等），或是兔子吃的新鮮牧草等來代替。

*番薯、南瓜、胡蘿蔔等軟化後（可用微波爐加熱）可增加甜味，是飛鼠們很喜歡的食材。也可以將青汁粉末、寵物用的乾燥蔬菜或乾燥香草等灑在食物上。

*萵苣或白菜等水分特別多的蔬菜給予過多的話會使糞便變軟，餵食時請注意。

*目前已知十字花科的蔬菜（油菜、高麗菜、青江菜、蕪菁、蘿蔔等）具有抗癌作用，但也可能會引起甲狀腺障礙，因此請注意不要長期大量餵食。

*豆類請務必煮熟後再餵食。

*香草類因為含有藥效成分，請勿一次大量餵食。

【蔬菜清單】

高麗菜、胡蘿蔔、芹菜、油菜、水菜、青江菜、美生菜、花椰菜、青花菜、玉米、小黃瓜、芽菜（青花菜芽、苜蓿芽等）、荷蘭芹、南瓜、櫻桃蘿蔔、番薯、番茄、蕪菁葉、蘿蔔葉、水芹、毛豆、豌豆、蒲公英等香草類。

雜穀／種子類

雜穀可以用小鳥的綜合飼料或鴿子飼料，是主要的碳水化合物來源。廣義地說，玉米和豆類也包含在「雜穀類」中。對囓齒目的飛鼠來說，替這些小小穀類剝殼的也是牠的行為模式之一。

種子類對蜜袋鼯和美南飛鼠而言都是最愛。蜜袋鼯可以剝開葵瓜子和花生的殼，但南瓜子可能就有些困難了。核桃（店裡販售的一般核桃）最好敲開後再給予；如果是鬼胡桃，美南飛鼠可能會熱心地啃咬。除此之外，也可以給牠吃些山胡桃仁、榛果、開心果等核果類。

由於種子類的脂肪含量較多，嗜口性又高，最好只當成零食即可。

＊花生殼上的霉菌會產生劇毒的黃麴毒素。雖然想讓牠自行剝殼，但若是比較不新鮮的花生，建議還是先替牠剝好殼後再餵食。

【雜穀清單】
稻子、大麥（押麥）、小麥、燕麥（麥片）、薏仁、稗子、小米、黍子、蕎麥等。

【種子類清單】
葵瓜子、南瓜子、松子、花生、核桃、山胡桃仁、榛果、開心果、橡果、杏仁、栗子等。

其他食品

可以的話，最好能給蜜袋鼯食用原本食材的花蜜、花粉，以及洋槐、尤加利樹等的樹膠；但也可以用楓糖和蜂蜜等來代替。若用楓糖漿的話，可以稀釋後每天餵食。

也可以給牠食用花卉（可以吃的花）。請務必選擇以食用目的來販售的花。

小鳥用綜合飼料

蜜袋鼯專用輔助奶

食蟲目動物飼料

核桃

飛鼠輔助食品
（蜜袋鼯用營養補充劑）

還有，豆腐也是很好的優良蛋白質來源。

另外，也可以給牠喝無糖的果菜汁、過濾後的嬰兒食品和愛速康（Isocal）等營養補充品。

營養輔助食品

如果有給牠營養均衡又充足的飲食，就不需要營養輔助食品了。但是，由於蜜袋鼯和美南飛鼠都很容易有缺鈣的情形，因此如果沒有給牠含鈣量豐富的食物時，就必須要另行添加。特別是在鈣質需求量高的成長期，不只是鈣，還要再加上維生素D_3製劑。另外，如果飛鼠有偏食傾向的話，除了鈣之外，也要考慮添加維生素和礦物質等補充品。

要添加鈣質時，可以選擇含有維生素D_3的「Rep-Cal鈣」，或是綜合維他命的「NEKTON-S」（鳥用綜合維他命）或「NEKTON蜜袋鼯」（含有維生素D_3）等等。

另外，也要注意營養補充過剩的問題。像是脂溶性維生素（A、D、E、K）因為會累積在體內，一定要注意才行。

飲水

請每天準備分量充足的新鮮飲水。懷孕或哺乳期間、氣候炎熱時、餵食含水量較少的食物時，對飲水的需求量都會變高。如果用盤子裝水的話，會被排泄物和食物殘渣污染，因此請裝在飲水瓶裡。

日本的自來水由於受到詳細的水質基準所規範，因此直接給予也不會有問題。如果在意的話，不妨將水煮沸（將水煮開後拿開蓋子，打開抽油煙機5～15分鐘左右，以小火繼續煮沸。冷卻至常溫後再給予），或是汲水放置（用碗公或鍋子等寬口容器裝水，放置一晚）也可以。若有使用淨水器，要勤加交換濾心並進行水管的清潔。給予礦泉水時，請勿選擇礦物質含量多的「硬水」，而是要用「軟水」。

除了直接給予自來水以外，其他的方法都會將水中的氯去除，因此很容易滋生細菌；特別是在夏天，請務必勤加換水。

不可餵食的東西

做為寵物的蜜袋鼯只能吃飼主餵食的東西。在飼育狀態下，飼主很容易會給牠吃一些在野外時不會遇到的東西，因此牠們也無法本能地避開對身體有害的食物。有些東西雖然人吃了沒問題，但是卻對飛鼠有害，請只給牠吃安全的食品、能安心餵食的食品吧！

○有毒的東西

・**巧克力**：當中的咖啡因和可可鹼會引起中毒，導致嘔吐、下痢、興奮、昏睡等症狀。

・**馬鈴薯芽**：新芽和變成綠色的皮中含有茄鹼，會引起神經麻痺和胃腸障礙等中毒症狀。

・**蔥類**：蔥、洋蔥、大蒜等所含的烯丙基二硫化合物會引起中毒，導致貧血、下痢、腎功能障礙等。餵食嬰兒食品時，也要注意是否含有這類材料。

・**生的黃豆**：具有紅血球凝集素等毒性，並且會妨礙消化酵素進行作用。餵食時請務必先行加熱。

・**酪梨**：含有名為Persin的毒性成分，會引起乳腺炎、無乳症、心臟衰竭、呼吸困難等症狀。

・**水果種子**：薔薇科櫻屬的櫻桃、枇杷、桃子、杏子、梅子、李子、杏仁（非食用）等的尚未成熟的果肉和種子中含有苦杏仁苷，會引起嘔吐、肝功能障礙、神經障礙等（請參照80頁）。

・**發霉的花生**：花生殼上的霉菌會產生劇毒的黃麴毒素，具有強烈的致癌性（請參照82頁）。

○餵食時要注意的東西

・**菠菜**：含有大量會妨礙鈣質吸收的草酸。餵食時要選擇可生食的沙拉用菠菜。

・**牛奶**：由於飛鼠無法分解牛奶中的乳糖，喝了會引發下痢。要餵食奶水時，請用調整過乳糖的寵物奶。

・**柑橘類**：含有豐富的維生素C及抗氧化作用，是很好的食材，但因為有緩下作用（讓排便含水量多而柔軟的作用），餵食過量會導致下痢，要注意。

・**生蛋、生肉**：不新鮮的話，可能會帶有沙門桿菌。

・**不新鮮的食物**：水分多的食物容易腐敗，水分少的時間一久也會發霉。沒吃完的食物請儘快收拾乾淨。

・**過熱、過冷的食品**：水煮雞胸肉等加熱過的食材請務必放涼後再餵食；冷凍過的Leadbeater's mix或綜合蔬菜等也要回溫後再餵食。

・**人類的食物**：不可以餵食蛋糕、餅乾、洋芋片等點心。由於這些食品的脂肪、糖分、鹽分含量都很多，如果除了原本的飲食之外，又讓飛鼠記住這個美味的話，並不是一件好事。調理過的小菜也不行。加了糖的優格和果汁、咖啡、可樂、酒等也請勿餵食。

要多加注意喔！

Cho
NG
加糖 橘子

關於零食

要馴服飛鼠，「零食」是不可或缺的。動物對於給自己吃好吃東西的人會很快地親近起來，因此飼主很容易一不小心就給牠太多零食；尤其飛鼠都喜歡脂肪含量高、糖分多的東西，所以絕對不能餵食過度。

零食有許多優點，不僅能用來馴服，也可以讓飛鼠恢復食慾、促進食慾，或是用於吃藥時、為日常帶來愉快的刺激等等，請有效地使用零食吧！

若是要增加牠的行為模式而使用零食時，不只是要用手拿給牠，把零食藏在籠內或飛鼠遊戲的地方等也很有趣。如果能找到蜜袋鼯或嚙齒目飛鼠原本棲息環境中的樹枝，不妨在樹枝上挖洞，藏入零食，也是讓飛鼠們動動腦筋和身體的好機會。

不需要準備特別的零食。為了避免營養失調，不妨從每天的飲食菜單中扣除作為「零食」的量。如果是蜜袋鼯的話，可以給牠麵包蟲或糖分多的水果；如果是嚙齒目飛鼠的話，則可以給牠麵包蟲或堅果類等，把飛鼠們最喜歡的東西作為零食吧！

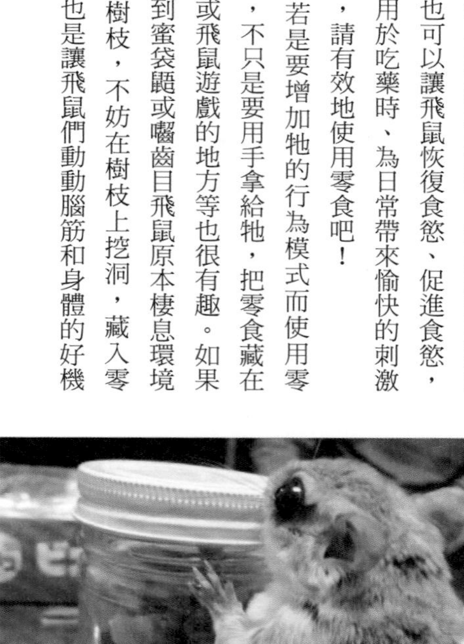

▶▶在此介紹的是各家的飛鼠們在某一天的飲食內容。

我家飛鼠的餐桌

case1 蜜袋鼯

公・1歲6個月／母・1歲3個月

為了避免牠們吃膩，每天都換不同的水果。偶爾會給牠們吃核桃、南瓜子、開心果等零食。（Hirorin）

菜單例①：原創配方（OF）＆吸蜜粉（LN）＆西洋梨＆維他命糖漿・木瓜・小動物用小魚乾・番薯（不吃烤番薯的公鼯就給牠玉米）・哈密瓜・蛋白果凍

菜單例②：OF＆LN＆蜜袋鼯飼料粉＆Alime-Pet（小動物專用乳酸菌）・芒果・柳橙・乳鼠・番茄

菜單例③：OF＆LN＆蘋果泥＆優格・小動物專用起司・橘子・綜合蔬菜・100%蘋果汁・麵包蟲（灑上鈣粉）

①

②

③

case2 蜜袋鼯

母・推測為8個月

剛開始是在奶水中混合昆蟲果凍給牠吃。我還記得只要加入昆蟲果凍，牠的胃口就會很好。

至於斷奶食品，我是先給牠淋上奶水的昆蟲果凍、用奶水泡軟的麵包，還有用奶水泡軟的蜜袋鼯飼料；等牠咬合力變強後才給牠吃硬的東西。

現在牠的主食是水果（蘋果、橘子、鳳梨等）、綜合蔬菜、雞胸肉、麵包、優格、蜜袋鼯飼料，並視當天的均衡狀況加上種子類；零食則是水果乾（特別喜歡芒果）、小動物專用零食（草莓和起司的固狀物）等。（小梅）

case3 蜜袋鼯

母・1歲6個月／公・1歲

我每天都會記錄飲食內容。在此介紹其中的一部分。（小天）

4月某日的菜單：高麗菜、藍莓、番薯、蠟蟲、小黃瓜、玉米、小魚乾

8月某日的菜單：綜合蔬菜、蘋果、木瓜、蟋蟀、麥皮蟲

10月某日的菜單：紅石榴、木通、番茄、梨子、小魚乾、蠟蟲

2月某日的菜單：乳鼠、哈密瓜、玉米、橘子、小魚乾、核桃

case4 蜜袋鼯

母・1歲5個月

牠雖然很偏食，但只要把東西切成碎末牠就會吃，所以到現在我還是會把食材切成小塊。為了讓牠不挑食地都吃掉，還挺費工夫的。

我所實踐的是每天給予相同食物的方法。只要牠肚子餓了，就會乖乖吃下去。

在飲食內容上，每天餵食的有水果（混合蜂蜜。如果一次給牠好幾種的話，牠會從喜歡的東西開始吃而變得偏食，因此我都只給一種而已）、雞胸肉、優格（灑上鈣粉）、蔬菜（用微波爐加熱的青江菜、少量綜合蔬菜）等。奶水、人工飼料粉、合成飼料（鳥類、刺蝟、蜜袋鼯、雪貂用）打成的粉末等則是1個月餵食2次左右。（Hiro）

case5 蜜袋鼯

母・1歲半

介紹某天小蜜的菜單。（百助）

（圖右）橘子1瓣、玉米10顆左右、蟋蟀3、4隻（灑上鈣粉）、小魚乾7、8隻、毛豆4、5顆、青花菜、白菜

（圖左）Manna Pro（蜜袋鼯的營養輔助食品）、蜜袋鼯營養輔助粉、日本配合優質健康倉鼠飼料、蘋果泥

case6 蜜袋鼯

公・1歲

我基本上是給牠水果15g、蔬菜15g、動物性食物12g。以某天的菜單為例，共有優質蜜袋鼯合成飼料5粒、Brisky蜜袋鼯合成飼料5粒、新世界猴子飼料（合成飼料）7粒、柿子、蘋果泥加優格、玉米、高麗菜芯（用微波爐加熱）、蛋黃。覺得營養似乎不足時，我會給牠吃「NEKTON蜜袋鼯」。另外每週一次，我會給牠2顆葵瓜子、一小撮燕麥、一塊碎核桃等的其中一樣。除此之外，牠也很喜歡吃橘子、哈密瓜、水煮雞胸肉、小動物專用小魚乾、水煮白肉魚、梨子泥加楓糖漿、起司等。

為了避免牠偏食，我會從牠不太喜歡的東西開始給。首先是合成飼料、1小時後再給牠生鮮蔬果，最後才是牠愛吃的東西和NEKTON。（小若）

●case7 蜜袋鼯
▼公・3個月／母・7個月

公鼯目前正從幼鼯長成年輕鼯（體重40g）。早上我會給牠吃蜜袋鼯專用奶、蘋果、番茄、小黃瓜、昆蟲果凍、松鼠餅乾、葵瓜子（已剝殼），晚上則是吃蜜袋鼯專用奶、綜合蔬菜、昆蟲果凍、少許小魚乾、小動物專用起司、葵瓜子（已剝殼）和松鼠餅乾。

母鼯目前正從年輕鼯長成成鼯（體重70g）。早上我會給牠以蜜袋鼯專用奶泡軟的合成飼料、蘋果、番茄、小黃瓜、蜜袋鼯飼料（乾燥型）、葵瓜子、乾燥玉米、蕎麥、起司、小魚乾和松鼠餅乾；零食有原味優格和昆蟲果凍。晚餐則是綜合蔬菜、昆蟲果凍、蜜袋鼯飼料（乾燥型）、葵瓜子、乾燥玉米、蕎麥、起司、小魚乾和松鼠餅乾。有時也會給牠加熱過的蛋黃、豆腐，偶爾會給牠蟋蟀。（羽奈）

●case8 蜜袋鼯
▼公・1歲3個月／母・1歲3個月／母・離袋85天

我是以九官鳥的飼料作為主食，加上少許小魚乾和水果乾、2隻麵包蟲，上面再灑上狗用的起司片・營養輔助奶・蜜袋鼯營養輔助粉的其中之一。懷孕時，我會給牠吃活的蟋蟀。偶爾也會將果凍（小動物用、昆蟲用）搗碎，和九官鳥飼料混合，牠們最喜歡吃這個了。（小達）

●case9 蜜袋鼯
▼母・6個月

我給牠吃加有蜂蜜的原味優格（灑上鈣粉、剩的奶粉和蛋黃粉）、小魚乾（1隻）、橘子（1瓣）、葵瓜子（3顆）、玉米（5粒），牠每天都吃得很高興。其他還會每天更換獨角仙果凍（高蛋白質）、蘋果、雞肉口味的狗食、蔬菜、芒果、鳳梨的水果乾等，每天都在進行錯誤嘗試。（愉乃）

●case10 蜜袋鼯
▼母・2歲8個月

我每天都會給牠綜合蔬菜、小番茄、雞胸肉、起司、小魚乾、Alime-Pet（小動物專用乳酸菌）、哈密瓜、橘子、藍莓等。雖然店家的人告訴我「請讓牠喝奶到牠不想喝為止」，但牠不想喝奶的日子到現在還沒來（笑）。因此，我會一天餵奶2次。（妃月）

●case10 美南飛鼠
▼公・2歲／母・1歲7個月／公（2隻幼鼠）・5個月

食物的比例是：鴿料70%、美南飛鼠飼料10%、リスちゃんのまんま（松鼠飼料）10%、乾燥蔬菜10%，以及每天更換的生鮮蔬果、杏鮑菇、麵包蟲等。Staminol因為是給貓狗用的，所以只給牠一點點。只要一看到這個，大家就會飛過來。每天的點心是小動物專用起司、Alime-Pet（小動物專用乳酸菌）和堅果類。在所有食物中，牠們最喜歡麵包蟲、堅果和生鮮的蔬果了。（mifa）

飛鼠♥照相館 Part 2

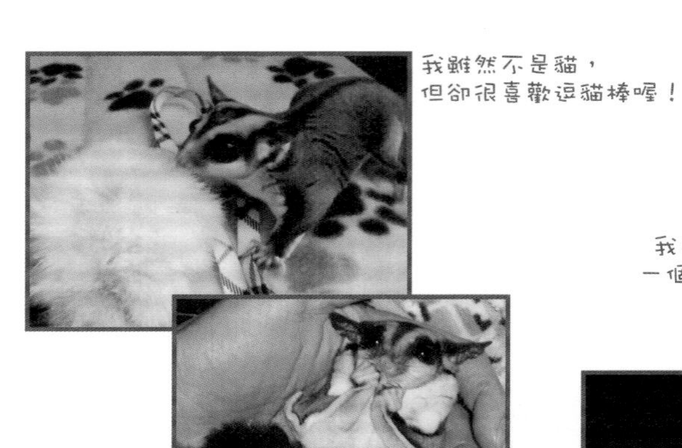

我雖然不是貓，
但卻很喜歡逗貓棒喔！

這樣子最幸福了。

我要告訴你
一個好消息。

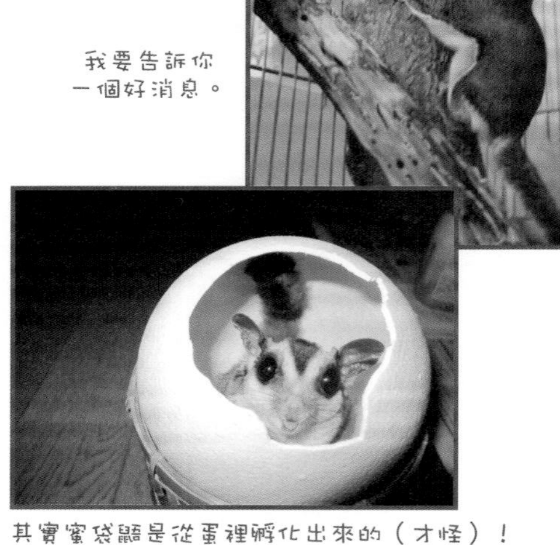

其實蜜袋鼯是從蛋裡孵化出來的（才怪）！

你看你看！尾巴末端是白色的呢！

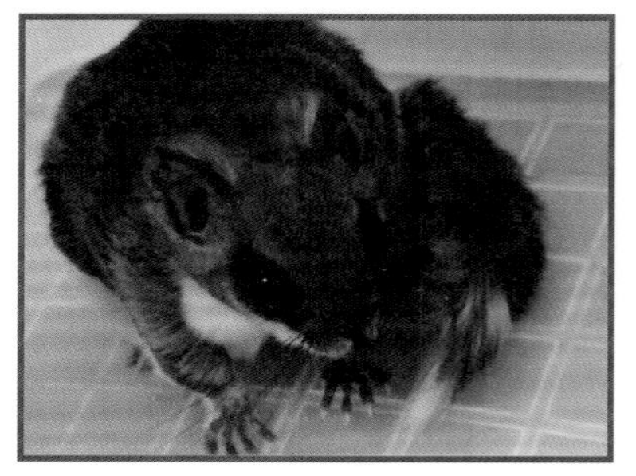

發現獵物！
準備跳躍！

我買了一堆
零食呢！

這蘋果好好吃喔！

daily care of sugar glider & flying squirrel

第6章
與飛鼠共度的每一天

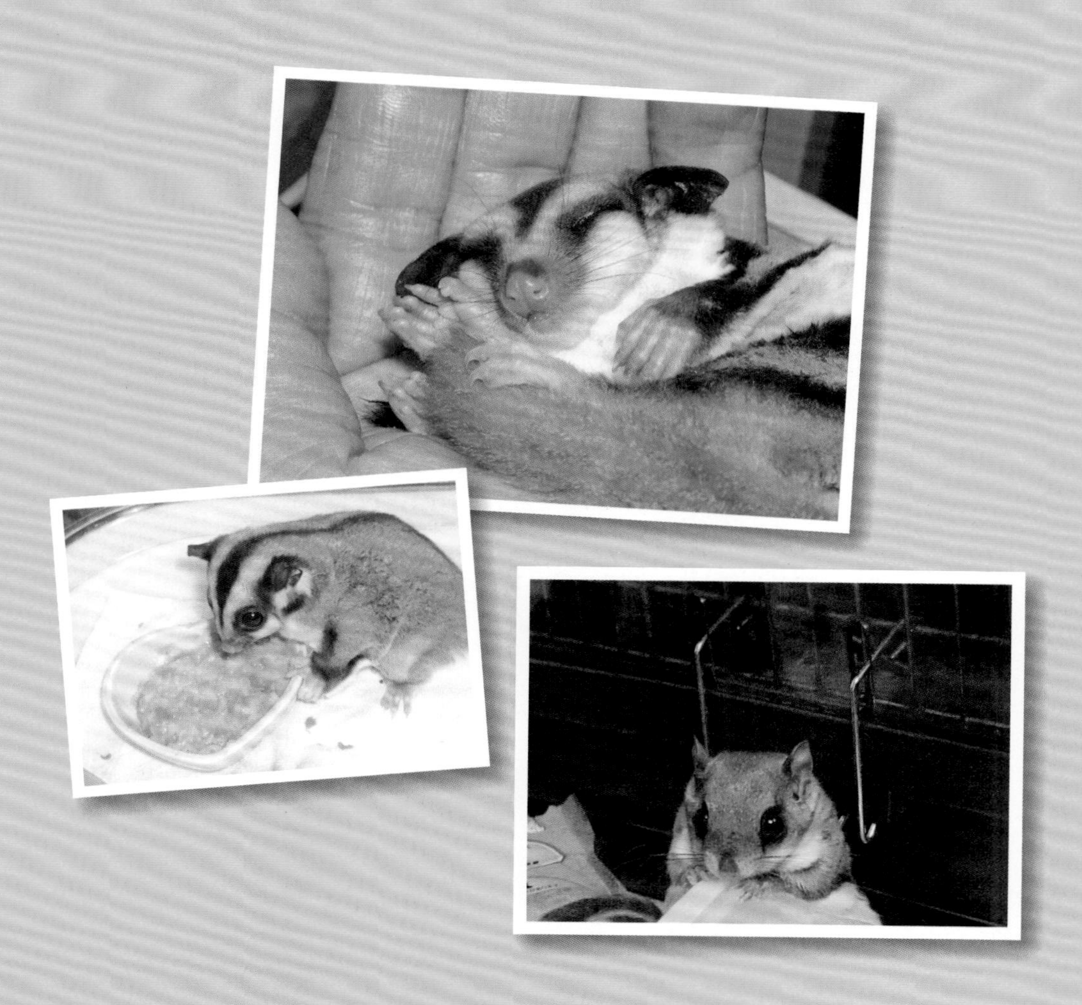

迎接飛鼠之後

飛鼠來到家裡了

期盼已久的飛鼠終於來到家裡了，大家一定很想趕快跟牠玩、趕快餵牠吃東西吧！但是，對於剛進門的飛鼠來說，突然的環境變化應該會讓牠感到非常不安。即便以前的飼育環境很差、新的飼育環境非常好，但對飛鼠而言，「環境變化」這一點並沒有改變。因此，剛開始時應該要做的，是先讓牠熟悉新環境。

因為想快點跟牠玩而過度逗弄的話，會讓飛鼠產生很大的壓力。迎接飛鼠到家後，前2～3天只要做到餵食和簡單的清掃，看看牠的食慾・排泄物・動作等的狀態如何就可以了，其他時間請不要理牠，讓牠好好休息吧！

但是，請不要把牠隔離在都沒有人的安靜房間（除非決定要在那個房間內飼養）。請務必要讓飛鼠習慣接下來包圍牠的生活環境，像是人說話的聲音、走路的腳步聲等生活音，以及各種氣味等等。最重要的是要讓牠明白，即使出現了各種聲響和氣味，也沒什麼好害怕的。

在飲食內容上，最好不要有過於極端的改變。就算以前的飲食內容不太好，如果急遽改變的話，可能會讓腸內細菌叢的均衡失調而導致下痢，或是因為吃不慣而一口也不吃等等。請先確認牠原本的飲食內容後，再慢慢加以改變。

另外，即使不是年幼的飛鼠，也要注意溫度管理。在寵物店裡，因為是好幾隻飛鼠飼養在一起的，所以牠們會靠在一起取暖，或是店家會提高空調的溫度等。但是帶回家裡後，如果沒有做好溫度管理而讓牠著涼的話，身體狀況就會變差。不僅是冬天，早春和初秋時也要打開保暖器，讓飛鼠溫暖地度日吧！

如果之前已經有養飛鼠了，想要養在同一個籠子裡時，請先設定好「檢疫」的期間（參照第113頁）。

迎接飛鼠寶寶時

如果不是迎接已經斷奶、成長至某種程度的小飛鼠，而是出生沒多久的飛鼠寶寶時，就必須要更細心的注意。依照年齡（週齡）的不同，有時必須以奶水為主食才行。由於還不太會自己進行體溫調節，因此不能養在籠子裡，而是要在像塑膠盒一樣保溫性高的飼育設備中飼養，並且要用保溫器等進行保溫，否則身體就會著涼。由於免疫力尚未發展完全，如果環境變化造成壓力的話，就會很容易罹患傳染病。

○蜜袋鼯

蜜袋鼯一出生就會進入育兒袋中，出生後約6週左右才會從袋中出來；在滿10週前，可能還會跑回育兒袋裡。蜜袋鼯的斷奶很慢，要完全斷奶大概得花3～4個月的時間。剛離袋的幼鼯還是以奶水為主食。由於這段期間應該是要在母親的育兒袋中，或是和兄弟姊妹靠在一起取暖的，因此保溫和餵奶就是必要的事項（參照第139頁）。

有很多店家會將原本應該還不能離開母親的蜜袋鼯寶寶拿來販賣。年紀越小，溫度管理就越顯重要，餵奶的頻率也會增加；也就是說，飼主必須代理母親的角色才行。請仔細考慮，評估自己是否能勝任照顧牠的工作吧！

○美南飛鼠

雖然不像蜜袋鼯那樣常可見到年幼的個體流通於市面，但尚未斷奶（出生後約2個月）時的幼鼠還是必須要餵奶。就算是剛斷奶的幼鼠，考慮到牠進入寵物店的時期，很可能也沒有充分地喝母奶，因此最好也輔助性地進行餵奶。

馴服飛鼠的方法

○馴服的重要性

迎接寵物來到家裡後，當然希望能趕快馴服牠。一叫名字就會過來、可以用手拿著零食給牠吃等等，不僅非常有趣，也是幸福的時光。

馴服飛鼠之所以如此重要，不只是為了飼主的喜悅，更重要的是為了飛鼠本身著想。

要生活在人類的生活環境中，對飛鼠來說一定充滿了壓力，剛開始甚至連飼主的存在也會覺得恐懼。此外，還有聽不慣的聲響、聞不慣的氣味等，飛鼠就是抱著極度不安的心情和人類展開共同生活的。

但是，只要飛鼠習慣了飼育環境和飼主的話，就會覺得飼主是「和他在一起就能夠感到安心的存在」。如此一來，就算出現了對牠們而言會感到不安的事物，也會因為有能夠安心居住的環境和飼主的存在，而讓不安的心情獲得平靜，也能將壓力抑制在最小範圍內。

若能讓飛鼠習慣被人用手抓著、被觸摸身體的話，以後不管是平日的健康檢查、生病時的診察和治療，或是要強制給餌時，就不會給飛鼠帶來太大的壓力。就算是尚未馴服的成年飛鼠也請不要放棄，努力讓牠習慣吧！

＊馴服的連帶責任

蜜袋鼯是非常親近人類，可以和飼主產生強烈牽絆的動物。要順利讓牠馴服，飼主也要有所覺悟才行。如果之前為了馴服而常和牠一起玩，之後卻又放著牠不管的話，就可能會引發自殘（參照第151頁）。另外，不論是哪一種飛鼠，只要充分馴服，放牠出來遊戲時就會飛到人的身邊，因此要特別注意避免發生踩到、踢到等的意外事故。

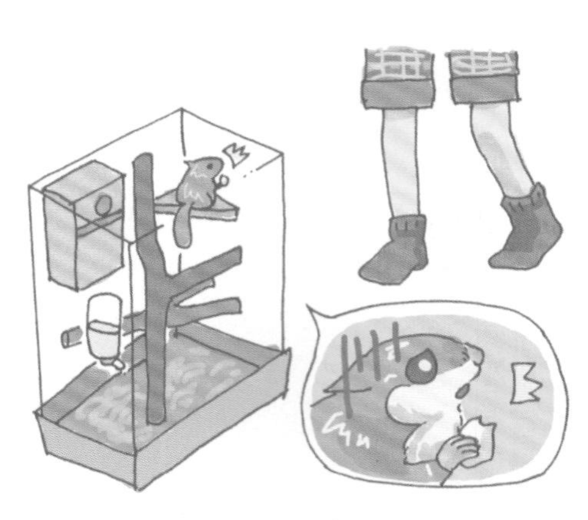

○對待方法的基本

**不要讓牠受到驚嚇
以溫柔的心情對待牠
要有耐性**

對待飛鼠的基本，就是要設身處地以飛鼠的心情來思考。看著比自己還大好幾百倍的動物步步逼近、將自己一把抓住，剛開始一定會覺得很害怕。「恐懼」

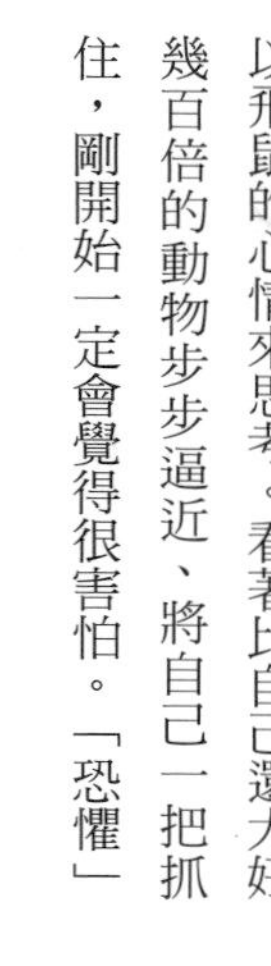

的記憶是很難消除的。儘管如此，只要飼主不要去驚嚇牠，溫柔地對待牠，飛鼠也會漸漸安心下來。

每個個體馴服的難易度都不一樣。這不僅關係到天生的性格，成長環境也有影響。受到寵物店或飼育業者溫柔對待的飛鼠不僅不怕人，也很容易和人親近；反之，沒有受到細心的照顧，老是被置之不理的飛鼠就需要一些時間才能馴服。

請各位務必理解，要讓飛鼠馴服不是1天2天的事。有時甚至要花好幾個月才能馴服，因此請務必要有耐心。

雖然無法用語言和牠溝通，但因為彼此同為生物，只要對方對自己沒有抱著敵對感情，應該都能夠心意相通才是。請不要變得過於神經質，心想「不趕快馴服牠不行」而讓自己變得焦慮不安，用平穩的心情來對待牠是非常重要的。

即使後來馴服了，也不能忘了這種基本的對待方法。請一直持續下去吧！

○馴服的年齡

雖然還在喝母奶，但開始接觸到外面世界的這個時期，可以稱得上是接受各種刺激、拓展經驗的「社會化期」；而最容易與人親近的也是這個時期。

另一方面，這也是原本應該要和兄弟姊妹一起度過的時期。據說如果在這期間內沒有和牠親密接觸的話，長大後就會有強烈的不安傾向。另外，是否有充分地飲用母奶也會關係到健康。考慮到飛鼠的身心成長，還是應該等到牠完全斷奶後再帶牠回家。大致基準為：蜜袋鼯是離袋後8週，囓齒目飛鼠則是出生後8週左右。

的確，如果就「馴服」的層面來看，難度會稍微提高一些，但還是可以充分馴服的。

不過，現實情況卻是大部分的小飛鼠都很早就離開母親了（特別是蜜袋鼯）。這時，由於已經不可能讓牠再回到母親身邊了，因此飼主就必須要代替成為牠的母親。

和蜜袋鼯成為好朋友

尚未馴服的蜜袋鼯，只要稍微接近牠，就會大聲鳴叫。雖然很吵，讓人覺得有點傷腦筋，但應該也可以感受到牠們強烈的警戒心。由於牠們原本就是有社會性的動物，為了要在沒有壓力的情況下和牠互相溝通，馴服也是非常重要的。

等蜜袋鼯習慣新環境之後，再讓牠熟悉飼主吧！重點就在「氣味」和「零食」。

大部分的動物對氣味都很敏感，尤其是蜜袋鼯非常依賴氣味，連同伴間彼此的溝通也會用到氣味。因此，利用氣味來讓牠熟悉人類，這個方法也不無道理。

另外要注意的是，在馴服蜜袋鼯時，最好不要使用香水或是含有香料的護手霜等。

○使用布包的馴服法

有個很普遍的方法，就是將蜜袋鼯放入布包（布袋）中。

可以在附繩的布包中放入蜜袋鼯，然後掛在飼主的脖子上，垂吊於衣服裡面。布包中陰暗而溫暖，又有適當的濕度，可以和身體緊密貼合地睡覺，簡直就像是母鼯的育兒袋一樣；不僅如此，蜜袋鼯也可以被飼主的氣味所包圍。只要蜜袋鼯在布包裡能產生安心的感覺，這種心情和氣味結合在一起，就會變成「飼主的氣味」=「可以安心的氣味」，於是就能讓牠漸漸馴服了。如果將布包掛在飼主的心臟附近，心跳聲或許能讓蜜袋鼯更加安心也不一定。等牠可以安穩地待在布包裡後，就可以偶爾把手伸進去摸摸牠了。

・必須等蜜袋鼯已經多少開始習慣人類後，才能放進布包中，並且選在牠睡覺的白天時段進行。先將有掛繩的布包放入籠中，待蜜袋鼯鑽入其中睡著後再拿出來。當牠在玩耍時，請勿強迫牠進入布包中，不妨陪牠玩一下吧！

・可以掛著蜜袋鼯布包行動的地方僅限於室內而已。有些人會這樣帶著牠去買東西，但是為了避免牠逃走，最好還是不要這樣做。

・在布包中睡覺的蜜袋鼯醒來後可能會先排泄，因此如果看到牠爬出來了，就要先將牠放回籠中（或是固定的排泄地點），讓牠上廁所。

・為了避免蜜袋鼯脫逃，布包要選擇袋口可以合起來的。一般來說，建議使用不易鉤到趾甲的刷毛布材質，但長期使用下來還是會起毛球。請經常檢查一下袋子和縫線處是否會鉤到趾甲。也有部分使用網狀素材的布包，這是為了要避免布包形成密閉狀態，能讓蜜袋鼯更容易感受到飼主的氣味。

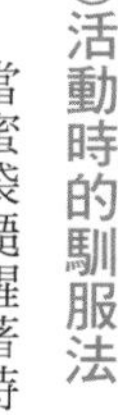

○活動時的馴服法

當蜜袋鼯醒著時，請儘量陪牠玩，而不要硬是把牠抓到布包裡。要在遊戲時讓牠馴服，就要活用另一個關鍵——「零食」。剛開始要先在籠子中進行，用手拿著牠愛吃的東西餵牠，等習慣後就可以在牠於室內遊戲時進行看看。

○使用沾有氣味的布

飼主先將刷毛布材質的布穿戴於身上，一段時間後，再用來作為蜜袋鼯的巢材；或是把穿過的襯衫類掛在籠子裡等等，也是一種方法。如果是全家一起飼養的話，不妨教牠分辨全家人的氣味吧！

*使用布包或布類時的注意事項

布包是為了提供蜜袋鼯一個可以安心的地方，布類則是要讓蜜袋鼯熟悉氣味時很方便使用的好物。但是，布類原本就是蜜袋鼯在野外生活時不可能會接觸到的東西，就像在「飼育用品」（參照第48頁）中所提到的，請務必要注意避免發生鉤到趾甲等意外；若是發現有危險的話，做出不再使用布包或布類的決定也是很重要的。並非不使用布包或布類就無法讓蜜袋鼯馴服。不要驚嚇到牠、溫柔地對牠說話、用手餵食牠愛吃的東西等，這些方法也可以讓牠馴服。

○隔出狹窄的地方讓牠馴服

在國外的文獻中有提到，可以將蜜袋鼯放進露營帳棚中，然後飼主也進去裡面。在和飼主一起安靜地待在裡面的同時，蜜袋鼯就會明白人類並不可怕，而能漸漸習慣人類的存在。

在此簡單地介紹一下。實行這個方法的最佳時期，大約是在蜜袋鼯逐漸熟悉飼主的聲音和氣味的時候。請準備兒童用的圓頂帳棚，底部鋪上毯子，以免發出卡沙卡沙的聲音嚇到蜜袋鼯。飼主先將書和蜜袋鼯的零食放入帳棚中，等蜜袋鼯差不多要睡醒時，就連同布包一起帶進去，並將帳棚的門關起來。等蜜袋鼯離開布包後，就將布包坐到屁股下面，以免牠又鑽回去。

一開始，蜜袋鼯應該會覺得害怕而縮到角落，這時飼主要看自己的書，不要去理牠；等牠靠過來時，就餵牠吃零食。請不要突然做出動作，以免嚇到蜜袋鼯。就像這樣，慢慢地牠就會知道和飼主在一起就會發生好事，可以安心地待在飼主身邊。

和美南飛鼠成為好朋友

美南飛鼠雖然不像蜜袋鼯那樣會在同伴間彼此標註氣味，但牠們接收對方資訊的溝通手段也一樣是「氣味」。另外，要用手餵美南飛鼠吃東西時，想要消除牠的警戒心，活用氣味也是一個好方法。

美南飛鼠的警戒心很強，雖然可以多隻飼養，但因為牠原本就是單獨生活的動物，所以對於陌生的對象沒有那麼快就接受。考慮到牠的野性比較強，只要訓練到可以讓牠在人的手上吃東西就很不錯了——這一點請大家不要忘記。

有些國外的飼育書籍會寫到美南飛鼠很容易與人類親近。不僅是要從小就讓牠習慣人類，還得滿懷愛心地溫柔對待牠，慢慢地花時間讓牠馴服——我想這才是重點。請不要勉強馴服牠，但也不要放棄，有耐心地和牠相處吧！

○一般的馴服法

等飛鼠習慣新環境後，飼主就可以開始準備馴服了。請在飛鼠高興的時候——例如餵食時——輕輕地呼喚牠。

等到將餐碗放入籠子裡，即便飼主依然待在旁邊，牠也可以不在意地繼續進食後，就可以一邊叫牠，一邊用手拿東西餵牠看看。剛開始先用指尖拿著，等牠會立刻過來拿後，接著就可以把牠愛吃的東西放在手上，讓牠自己爬到手上來拿。

如果飛鼠可以乖乖待在手上吃東西，接下來就可以用另一隻手輕輕地撫摸牠的身體看看。

等馴服到叫牠的名字會有反應，一看到飼主拿了零食就會跳到飼主手上吃的話，就可以放牠出來房間了（注意事項→第119頁）。不要追著牠跑，而是等牠靠近時就給牠吃零食，讓牠理解「快樂遊戲的時間・可以吃零食的時間」和「飼主的存在」是彼此有關聯的。

○使用布包的馴服法

美南飛鼠並不像蜜袋鼯一樣是在育兒袋裡長大的動物，但在國外的飼育書籍中，有介紹可以像蜜袋鼯一樣用布包讓牠馴服的方法。由於陰暗狹窄、可以包圍身體的環境和牠們原本的巢穴很類似，因此可以讓牠感到安心，也可以讓牠產生聯想，記住飼主的氣味就等於安心感。或許在馴服時加入這個方法也不錯。

基本做法就和蜜袋鼯一樣（參照第96頁）。請在飛鼠於某種程度上熟悉飼主後再進行。

不過，畢竟因為是囓齒目的關係，會比蜜袋鼯更愛咬東西。如果牠會咬布包的話，就用別的方法來馴服牠吧！餵牠吃牠喜歡的東西，一樣可以讓牠馴服的。

＊如果是西伯利亞小鼯鼠

到2010年為止，日本國內作為寵物飼養的西伯利亞小鼯鼠最年輕的個體也有4歲了。目前這個種類的飛鼠已經是非常貴重的寵物了，請務必要好好地飼養，讓牠們能活得健康長壽吧！如果以年紀來看，接下來才要馴服的話是有點困難，但只要能夠讓牠習慣從人的手上接過東西吃，對飛鼠而言就可以減輕不少壓力。請不要放棄，有耐心地對待牠吧！

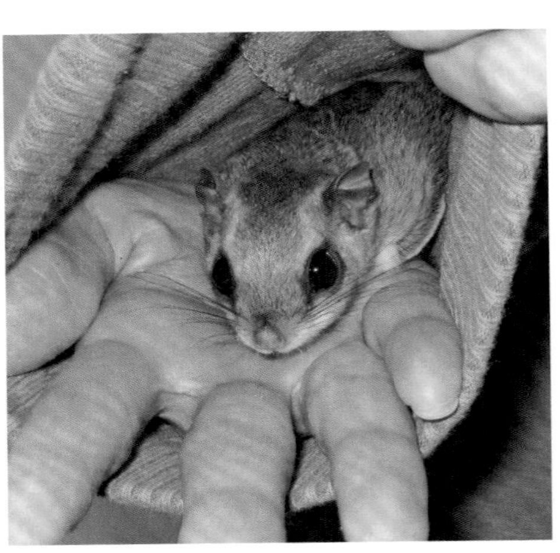

飛鼠的拿法

等飛鼠習慣人類後，就可以試著用手拿拿看了。不是只有把牠放在手上而已，而是要用在某種程度上能夠限制飛鼠行動的拿法。

當飛鼠毫不猶豫地跳到手上後，就用另一隻手覆蓋牠的身體看看。如果沒問題的話，就用覆蓋身體的那隻手的無名指和小指輕輕地夾住牠的尾巴根部（絕對不能夾住比根部更遠的地方）；如果牠想離開的話，就放手讓牠走。絕對不要讓牠對手產生討厭的印象。

萬一遇到需要強制餵食等不得不壓制身體的情況時，可以用毛巾將牠包住，或是使用布包等。使用毛巾時要裹住全身，只露出頭部；使用布包時，要先將布包翻過來套在手上，抓住飛鼠後再將布包翻回正面，讓飛鼠固定在布包裡。等飛鼠安靜下來後，就稍微打開布包的袋口，讓牠可以露出頭來。不管用哪一種方法，都要注意不可太過用力。使用沾有飛鼠氣味的毛巾或布包或許會安心一些。

無論如何，請絕對不要勉強牠。要搬動飛鼠時，不要只是用手拿著，而是要用更安全的方法，像是裝入塑膠箱裡等等。

*關於保定

在動物醫院裡，可以讓飛鼠動彈不得的「保定」，是為了要進行適當的治療和診察時不可或缺的固定技巧。有抓住頸部皮膚的方法，以及從背後抓住身體，再用食指和中指夾住頸部兩側的方法等。這跟為了玩賞而拿在手上的目的是不一樣的。也有用洗衣袋來保定的方法。將飛鼠放入洗衣袋中，從一端捲起，將飛鼠趕到洗衣袋的角落。就算不用緊抓牠的身體，也能讓牠動彈不得，是非常好用的方法，但僅限於治療時才能使用。

照顧飛鼠

每天的照顧

為了飛鼠的健康管理以及創造衛生的環境，每天的照顧是非常重要的。

為了把握飛鼠的健康狀態、早期發現疾病，最重要的就是每天的「健康檢查」。要特地挪出一個「健康檢查的時間」實在太麻煩了，但只要透過打掃和餵食，就可以發現牠的健康狀態與平時有何不同。

就衛生面來看，髒污的地方每天清掃是必要的，但也不需要打掃到亮晶晶的程度。若是清掃到連氣味都消失的話，飛鼠也會靜不下心的。超過必要的清掃並不是一件好事，只要掃到「還算乾淨」的程度就行了。

○基本的照顧順序範例

①早晨時，將昨晚吃剩的食物殘渣丟棄，清洗餐碗。這時，要檢查一下牠喜歡的東西有沒有吃完、吃的量會不會太少、吃剩的情況如何等等。

如果晚上可以在固定的時間餵食的話，就要將籠裡的食物全部取出；如果晚上餵食的時間似乎會比平常更晚的話，可以只將乾燥的食物事先放入籠裡。

②清掃掉落的食物殘渣。比較容易將餐碗周圍弄髒的是蜜袋鼯。

③清掃廁所（被排泄物弄髒的地方）。將骯髒的便砂和地板材丟掉，補充新的。籠網及籠子四周髒污的地方也要清掃乾淨。如果有使用便盆的話，只要將便盆用擦的擦乾淨就行了。這時，要順便檢查排泄物的狀態。

排泄物的清掃要在一發現時就進行。時間一久，不管是蜜袋鼯還是嚙齒目的飛鼠，其排泄物都會成為惡臭的原因。

④到了晚上，飛鼠起床後，可以稍微給牠一點牠愛吃的東西，看看牠有沒有食慾和精神，順便也能進行交流。

⑤進行餵食並更換飲水。野生的飛鼠一睡醒就會外出找東西吃，考慮到這一點，應該不要立刻就餵食，而是稍微讓牠運動一下再吃東西會比較好。也要檢查是否有食慾、水喝了多少等等。

⑥放飛鼠出籠前，要先檢查室內環境。像是門窗是否有關閉、危險物品是否有收起來等等（參照第119頁）。

⑦和飛鼠遊戲，同時檢查看看牠有沒有精神、動作有沒有哪裡怪怪的。請一邊用手餵牠吃零食，一邊檢查牠的身體吧！

⑧在放飛鼠出籠的期間，檢查一下布包是否有綻線、巢箱中是否藏有容易腐壞的食物（特別是美南飛鼠）等。如果不想放牠出籠時，可以先將牠移到別的籠子或提箱中，再來進行籠子的內部檢查。

⑨讓飛鼠回到籠子後，要確認一下牠是否有在籠子外排泄。請用殺菌除臭劑加以清掃。

○偶爾進行的照顧

・一週一次，進行餐碗、飲水瓶的殺菌清潔。水垢請用試管或奶瓶用的清潔刷刷乾淨，也可以用奶瓶消毒劑來做殺菌清潔。雖然有些奶瓶用的消毒劑就算不沖水也沒關係，但為了保險起見，還是徹底沖乾淨吧！

・依照髒污程度來清洗布包、巢箱和棲木等木製品。在馴服飛鼠的這段期間，最好將沾有牠們氣味的東西放在周遭，因此不管是清洗布包還是巢箱，都要等到飛鼠充分馴服後再進行。清洗後請以日光充分曬乾。

・依照髒污程度來清洗整個籠子。有電鍍加工的籠子用力刷洗可能會導致外層剝落，因此請用柔軟的海綿輕輕刷洗後，連細部都徹底晾乾。有使用清潔劑時，請用流水充分洗淨。也可以用小蘇打來清洗。

＊如果是較為神經質的飛鼠或尚未馴服的飛鼠，最好不要同時將布包、巢箱、棲木、籠子都拿去清洗，否則會讓牠本身的氣味都消失不見。

＊懷孕或育兒時的清掃要適可而止。要是經常移動籠內物品的話，會讓飛鼠產生壓力，可能會有放棄育兒或吃掉幼鼠的危

險。

*使用抗菌除臭劑時，要先徹底清潔後再使用。若是還沾有排泄物或食物的話，效果會大打折扣。另外，即使是標榜「寵物舔了也沒關係」的產品，還是要徹底擦乾淨比較好。

*飛鼠玩耍的房間也要注意清掃和通風。

*打掃完畢後一定要洗手。

○氣味對策

雖然感受的程度因人而異，但覺得飛鼠「很臭」的人並不少。不管是蜜袋鼯還是囓齒目的飛鼠，如果排泄物放著不管的話，一定會散發惡臭；而且蜜袋鼯還有體臭問題。隨著臭腺的分泌物不斷沾染到布包等物，連環境本身都會開始有味道。

氣味對策就各方面而言都是不容小覷的。因為營造出不會讓飼主覺得不快的環境、不會對同住的家人造成困擾的環境是非常重要的；此外，也可以避免發生因為習慣了氣味，而忽略了應該注意到的疾病。

要預防排泄物的臭味，可以的話最好能進行上廁所的調教（參照第106頁），並且勤加清掃髒污的地方，使用抗菌除臭劑，將沾有排泄物的布包、巢箱、棲木等都清洗乾淨。放牠出來房間時，可能會在壁紙或窗簾上排泄，因此玩耍結束後也要檢查一下。

蜜袋鼯的體臭是沒有辦法預防的。只要公母成對飼養，一到了繁殖季節，體臭就可能會變得強烈。據說常吃動物性食物的個體比較會有體臭問題，但是對蜜袋鼯而言，動物性食物非常重要，也不能不讓牠吃。不妨多費點工夫，經常把沾有氣味的布包、巢箱和棲木拿去清洗吧！

除了勤加清掃以外，還有打開窗戶讓空氣流通（不用說，當然要將飛鼠關進籠子裡）、使用空氣清淨機、打掃籠子並使用除臭噴劑（請選擇對寵物安全的種類）、在籠子周圍放置長效型除臭劑等方法。另外，最好不要使用芳香劑。

*各位要理解的是，只要家中有飼養動物，會有某種程度的氣味也是無可厚非的。要飼養動物又不想改變自己原有的生活和環境，這是不可能的事。

○了解飛鼠的生活模式

你家的飛鼠什麼時候最活潑呢？為了方便進行健康管理和情感交流，不妨先弄清楚牠起床的時間、吃東西的時間、活動的時間、排泄的時間、休息的時間等等，了解飛鼠每天的生活模式，以及因季節而產生的變化吧！要一整個晚上觀察牠雖然有些困難，但趁牠醒著時看看牠都做些什麼也是很有趣的（偶爾辦個徹夜觀察會或許也很好玩）。

生活模式和照顧的時間、餵食的時間也有關係。盡可能選在相同的時間來進行，可以比較容易發現飛鼠的行動變化。

＊西伯利亞小鼯鼠（蝦夷飛鼠）的生活模式

根據野生蝦夷飛鼠的觀察記錄顯示：在夏天～秋天時，牠們大約會在日落後15～20分鐘左右開始活動。在去過食餌場後，半夜就會回到巢中休息；日出前再度離巢覓食，日出前20分鐘左右才又回到巢中。在嚴寒期時，一天的活動時間平均約45分鐘左右，其他的時間都在巢中度過。

飼育狀態下的蝦夷飛鼠的觀察記錄則顯示：如果是活動時間有3個尖峰的飛鼠，大約會在17點～19點之間活動1小時，20點～凌晨1點之間活動30分鐘～1小時，凌晨1點～5點之間活動2～4小時。而如果是活動時間有2個尖峰的飛鼠，則大約是在17點～19點之間活動1小時，凌晨1點～5點之間活動2～4小時左右。

飛鼠的「調教」

飛鼠可以「調教」嗎？一般聽到「調教」這個詞，所聯想到的通常是飼主「希望牠這樣做」的畫面，但是要飛鼠按照你的希望隨心所欲地行動是很困難的。

飼主之所以會「想要調教」飛鼠，應該是因為飛鼠的行動對飼主而言已經造成困擾了。最適當的方法應該是要去理解飛鼠為什麼會出現該行動，然後飼主再採取合適的應對法。

雖然有時無法讓飛鼠乖乖聽話，但也絕對不能動手打牠，否則至今為止構築的信賴關係將會功虧一簣。

○上廁所的調教

基本上是無法調教飛鼠上廁所的。與其要求飛鼠在飼主指定的地方上廁所，倒不如把飛鼠排泄的地方作為廁所。這種「逆向思考」不僅可以讓心情更輕鬆，也不會因為「又失敗了～」而變得焦躁不安。

大部分的飛鼠都會抓著籠網，或是在棲木上排泄。在野生狀態下，飛鼠會抓著樹幹，或是在樹枝上排泄，考慮到此，這樣的排泄方式是很自然的。如果是這樣的話，可以在周圍鋪上報紙，或是在籠子四周圍上尿便墊等。飛鼠通常會傾向於在固定位置的籠網上排泄。

如果是會在平台等非籠網的固定場所排泄時，就可以放個便盆看看。剛開始先把沾有尿液的衛生紙放進去，讓牠明白這個味道。由於牠們並不是會經常待在平坦處的動物，所以比起四肢著地的狀態，兩隻前腳往上攀的狀態或許會更接近自然的排泄姿勢。選擇便盆時，深一點的容器應該會比較好用。

將廚房紙巾或面紙塞到草盤或小藤籃裡，飛鼠也可能會在那裡上廁所。

不管用什麼方法，能否順利進行都得看飛鼠的個性而定，請示著找出最適合的方法吧！

○咬人

一旦被飛鼠咬了，很容易會讓人以為這隻飛鼠「充滿攻擊性」或是「個性暴躁」，但牠為什麼會咬人，應該是有原因的。請把咬人視為是無法說話的飛鼠要表達意思的一種語言。等了解牠咬人的原因後，再採取適合的應對方式。請不要因此而對牠加以打罵。

以蜜袋鼯來說，有多位飼主表示，當蜜袋鼯做出咬人或是其他讓人不舒服的事情時，他們就會模仿蜜袋鼯表示不滿的叫聲「唧！」，以此來進行調教。若是已經重新審視過彼此的信賴關係，也做過健康狀態的檢查了，卻還是會被咬的話，不妨試試這種方法。

・恐懼或不安

一般來說，「攻擊性」的咬人比較少見，大部分都是因為恐懼或不安的關係，才會一個勁兒地拚命咬人。可能是一開始就有事物讓牠覺得害怕，也可能是粗暴的對待讓牠感到恐懼。由於恐懼這種感情會根深蒂固地殘留在心底，因此要特別注意才行。

請從頭開始構築彼此的信賴關係吧！不要焦急，以沉穩的心情來對待牠，就能稍加減輕牠的恐懼和不安。

・身體不適

當身體不舒服或是有哪裡疼痛時，為了保護自己，飛鼠就會開始咬人。如果觀察到飛鼠出現身體不適的樣子，或是排泄物的狀態、食慾或行動上出現變化，覺得有點奇怪時，請帶往動物醫院接受診察。

・其他的理由

肚子餓了、手上有食物的味道、手突然有動作而讓牠嚇了一跳等各種理由。

＊咬東西

美南飛鼠和西伯利亞小鼯鼠都是嚙齒目的動物。對牠們來說，「咬東西」是天生的（本能的）行動，因此也拿牠沒辦法。請把飼育用品當成使消耗品，電線等不能被飛鼠咬的東西則不要讓牠們接觸到吧！

○無論如何就是無法馴服時

如果飛鼠本身的性格就很膽小，或是在成長期時很少接觸人類的話，就算飼主努力想馴服牠也不見得能成功；甚至就連要餵牠吃點心，牠也不肯跳到手上來吃。這時請不要勉強進行，認為非得讓牠馴服才行。

但是，不習慣人類的狀態對飛鼠而言也是一種壓力。請注意不要嚇到牠，持續地以溫柔的心情來對待牠吧！

美容整理

飛鼠會仔細地整理自己的身體。只有在逼不得已時才需要幫牠。牠們不需要洗澡，也不用清耳朵（除了治療時以外）。

當牠身體髒污時，請用充分擰乾的濕毛巾（依照季節，有時要用熱毛巾）來為牠擦拭吧！

○剪趾甲

為了要方便在樹上爬來爬去，以及在滑翔時以樹枝當作踏腳、在降落時確實抓住樹枝，飛鼠的趾甲可說是又尖又長。在飼育狀態下，要在房間的牆壁和窗簾爬上爬下，也需要長長的趾甲才行。飼主之所以想幫牠剪趾甲，多半是因為牠爬到人身上時，趾甲會刮傷皮膚所致。但是對飛鼠來說，長趾甲才是正常的。與其幫牠剪趾甲，倒不如下點工夫不讓趾甲長得太長，像是準備多一些棲木，讓牠可以在其中跳越、攀爬等。

飛鼠的趾甲末端很少會往內彎，但是如果末端往內彎或裂開的話，就必須要剪掉。萬一勾到東西而折斷的話，飛鼠可能會非常在意那個地方，甚而開始自殘。若是像這樣非剪不可時，請用洗衣袋套住飛鼠（參照第１０１頁），只將露出袋孔外面的趾甲小心地剪掉一點點即可。請用貓用或嬰兒用的趾甲剪來進行。由於趾甲內有血管流經，請注意不要剪得太短。

季節對策

蜜袋鼯是棲息在亞熱帶、熱帶的動物；美南飛鼠是生活在溫帶的動物；西伯利亞小鼯鼠是生活在亞寒帶的動物。話雖如此，以蜜袋鼯為例，牠們實際上是生活在樹上的，通風也很好，或許並不會那麼熱；美南飛鼠和西伯利亞小鼯鼠也是，在天氣變冷時，牠們會和同伴一起在巢穴裡度過寒冬。就像這樣，在野生狀態下，牠們會自行選擇舒適的場所，以自己的方式下工夫來生活；但是在飼育狀態下，牠們只能居住在飼主為牠們準備好的環境裡，並無法自行搬家。在某種程度裡控制氣溫的高低，做出夏天炎熱、冬天寒冷的環境當然沒問題，但最重要的還是要配合季節來做出適當的環境，避免極端地過熱或過冷。讓牠獨自在家時，為了確認室溫，不妨使用「最高最低溫度計」，非常方便喔！

濕度也要注意。如果是人覺得舒適的濕度就不會有問題，但為了避免冬天過於乾燥、夏天過於潮濕，最能好控制在45～55％左右。

對飛鼠來說理想的環境

- 蜜袋鼯 24～27℃
- 美南飛鼠 20～25℃
- 西伯利亞小鼯鼠 20～24℃

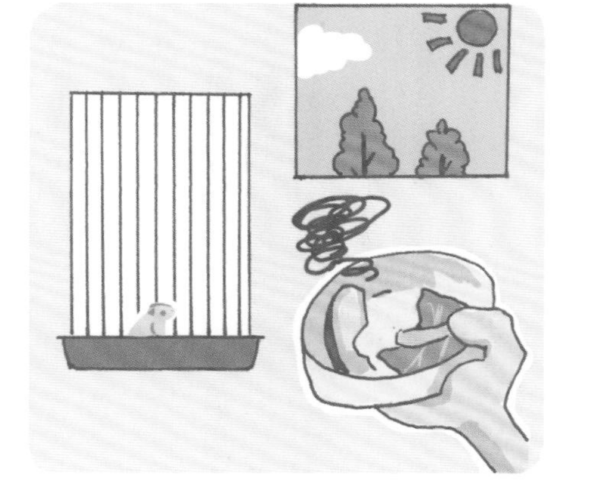

○抗暑對策

- 最好能夠使用空調，但要避免直接對著籠子吹。
- 有些除濕機會導致室溫升高，要注意。
- 夏天不用空調時要注意避免中暑。請打開電風扇和換氣扇，如果沒有脫逃疑慮的話，可以再開一點窗戶，好讓空氣對流。
- 由於蜜袋鼯不會流汗，因此無法像人類一樣感受到電風扇所吹出的涼風，但是

保持空氣流通，避免處於密閉狀態也是很重要的。

・籠子要避免放在窗邊會直射到陽光的地方。

・如果為了避免籠子周圍髒污而將四周圍起來時，夏天時請優先考慮通風問題。

・也可以將保冷劑或冷凍寶特瓶作為消暑用品使用。可以放在籠子周圍，若要放入籠內時，為了避免飛鼠啃咬或是爬到上面而讓身體過於冰冷，請用厚毛巾包起來，裝入保鮮盒等密閉容器裡，再放進倉鼠等用的小籠子中，才能放到籠子底部。

・由於氣溫一高食物就容易腐敗，沒吃完的食物請儘早收拾乾淨。

・若是給予除氯過後的水時，為了避免水質變異，氣溫高時請勤於更換新鮮的水。

・排泄物和籠內也請勤加清掃。

○防寒對策

・最好能使用空調或暖爐。真的很冷時，再加上寵物保溫墊。

・請確認飛鼠所在處的溫度。人站著所感覺到的溫度和靠近地板的溫度有很大的差異，不妨並用暖氣空調與電風扇，讓空氣對流。

・使用寵物保溫墊時，請務必在實際使用前先確認其熱度有多高。

・將寵物保溫墊置於巢箱下時，只要溫暖半邊就行了，以做出溫暖的地方和不是那麼溫暖的地方。飛鼠自己會選擇溫度舒適的那邊來睡覺。將與保溫墊一樣厚的板子與保溫墊並排放置，就可以調節高度了。

・若要在小巢箱下放置寵物保溫墊時，要多放一些巢材，讓飛鼠略感溫暖即可。巢材太少可能會過熱。

・使用布包做為睡床時，可以在附近加裝

電燈泡。

・可以在籠子裡放入園藝用的塑膠布溫室，或是在籠子四周包上毯子、用紙箱圍住等。冬天飼育時也可以用爬蟲類的玻璃飼育箱，但這個方法有通風不佳的問題。排泄物若不勤加清掃，阿摩尼亞濃度就會上升，可能會有礙健康。請勿將籠子完全覆蓋，記得要留通風口。

・若有高齡、年幼、懷孕中或育兒中、生病的個體，請務必為其保溫。

○季節交替時

春秋兩季是溫差很大的季節。經常會有白天明明很溫暖，晚上卻變得寒冷的情況。在季節變換時請特別注意溫度管理。

多隻飼養

注：這裡所指的「多隻飼養」是指將複數的飛鼠飼養在同一個籠子裡。

○飛鼠與多隻飼養

・**蜜袋鼯**

蜜袋鼯原本就是過著群居生活、社會性很高的動物。就算是在飼育狀態下，考量到蜜袋鼯的幸福，還是多隻飼養會比較好（但也要確認下一頁的注意事項）。公鼯只要做過去勢手術，就不會讓數量不斷增加，公鼯彼此之間也比較不會打架，可以順利地群居飼養。

・**嚙齒目的飛鼠**

不論是美南飛鼠還是西伯利亞小鼯鼠，基本上都是單獨性的動物；但在冬天時，可能會有好幾隻住在一起的情形發生（參照第37頁）。實際上，也有很多飼主是進行多隻飼養的。只要個性適合、情況允許的話，要多隻飼養也不是問題。只不過，請不要忘了牠「原本是單獨性的動物」這一點。

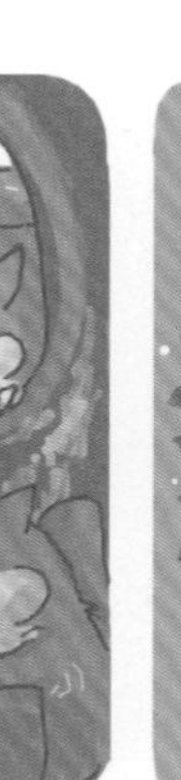

○多隻飼養的注意事項

・將性成熟的公鼠與母鼠一起飼養時，牠們就會交配，讓數量增加。尤其是蜜袋鼯，算是比較容易繁殖的種類。不僅會增加數量，對母鼠的身體也會造成負擔。囓齒目的飛鼠雖然不像蜜袋鼯那樣容易繁殖，但也有增加的可能。

・因為是由飼主幫牠選擇同居對象的，所以有時也會發生個性不合的情形。就算是蜜袋鼯，也可能會大打出手，因此判斷出適合的個性就變得非常重要。

・能否進行適切的飼育管理是很重要的。尤其是多隻飼養時，在健康管理上要更加注意。下痢的是誰？沒有胃口的又是誰？是不是每隻飛鼠都有攝取到均衡的營養？有沒有哪一隻特別感受到壓力？等等，這些都要能清楚地知道才行。

・飼養數量一多，在時間和金錢上也會增加負擔。不僅要加大籠子的尺寸，也要增加設置的巢箱和布包的數量才行；排泄物也會變多，讓氣味問題更加明顯。

・特別是蜜袋鼯，和其他個體在一起時，會增加標註氣味的行為，或許會讓氣味問題更加惱人。

○多隻飼養的性別

・一公一母

或許有人會在寵物店裡成對購買。如果從小就成對飼養的話，通常在個性上比較不會有不和的情形發生，但是在繁殖層面上就得考慮清楚才行。若是想繁殖的話，可以在繁殖一次後讓公鼠進行去勢手術，接下來就可以一起飼養了；如果不想繁殖的話，可以考慮在繁殖季節時採取將公鼠和公幼鼠養在一起，母鼠和母幼鼠養在一起的方式來分開飼養。

而囓齒目的飛鼠常見的情況是雖然從小就成對飼養、雙方的感情也不錯，但卻完全不會繁殖。如果是這種情形的話，或許平常分開飼養，只在繁殖季節時才讓牠們在一起會比較好。

・只養公的

這是性成熟後，極有可能會發生鬥爭的組合。即使雙方是兄弟、父子的關係，在性成熟後也要密切注意。若是發現有鬥爭現象出現，就要在雙方大打出手前將其分開。進行去勢手術可以大幅減少發生問題的機會。

・只養母的

如果是成年後才一起飼養的話，雖然也需要注意，但卻是問題比較少、可以進行多隻飼養的組合。不過，如果彼此看不順眼的話，很可能會產生壓力，甚至發生鬥爭，因此同居後也要持續密切觀察。

○多隻飼養的年齡

就和馴服時一樣，最好能從小就開始進行多隻飼養。由於性成熟後的地盤意識會變強，警戒心也會提高，因此較難接受其他的個體。

○多隻飼養的方法

・一開始就進行多隻飼養時

將成對或同一胎的飛鼠帶回家後，雖然可以就這樣一起飼養，不過一旦性成熟後，彼此的關係很可能會發生變化。最重要的是要持續觀察，看看牠們是否有出現打架或是健康上的問題。

・多隻飼養的順序

①若是飛鼠帶有傳染性疾病時，很可能會傳染給其他同居的飛鼠。即使沒有直接接觸，還是可能會經由空氣，甚至是飼主而傳染出去。請將飛鼠個別關入籠子裡，放置在不同的地方約3個星期左右，作為觀察健康狀態的「檢疫期」。如果是除了原有的飛鼠之外，還要再迎入新來的飛鼠時，打掃的時候要從原有飛鼠的籠子開始掃起。

②首先要從「氣味」開始，讓彼此習慣對方的存在。先將彼此的籠子並排放在一起。剛開始飛鼠會很在意隔壁的籠子，

過不久就會慢慢習慣了；之後就可以將牠們用過的巢材或布包等進行交換，讓牠們習慣更強烈的味道。

③等充分習慣彼此的氣味後，就可以讓牠們在一起看看。請選一個對任一方而言都算是中立地帶，並且也有躲藏處的地方，例如在房間中放牠們一起出來看看。

④要是雙方快要打起來的話，就放回各自的籠子裡，繼續讓牠們習慣彼此的氣味後，再放出來試試看。如果還是會打架的話，或許就很難同居了（如果是想進行繁殖的公母配對，可以等到繁殖季節時再試試看）。

⑤如果不會打架的話，就選在飼主有時間可以仔細觀察的時候，將牠們一起放入空間夠大（要設置複數的巢箱或布包）的新籠子（若是要用之前使用的舊籠子，要先徹底洗淨）裡，觀察一下狀態。

⑥開始同居後也要經常觀察牠們，看看是否會打架、是否雙方都食慾旺盛、身體是不是都健康等。就算沒有打架，但若覺得一方好像有壓力而虛弱時，最好先分開飼養。

＊蜜袋鼯的單獨飼養

蜜袋鼯原本就是群居生活的動物。如果只養1隻的話，請儘量抽出時間陪牠遊戲吧！

讓飛鼠看家

當有旅行或出差的計畫而得讓家裡唱空城計時，請先想好飛鼠的照顧問題。看是要請人到家裡來照顧，還是要託付寵物旅館等，最好都要儘早委託或進行預約。

飛鼠的飲食——特別是蜜袋鼯——有些飼主平常會準備很費工夫的食物，但要託人照顧時，菜單最好不要太過麻煩。若要寄放在外面，或許就得讓飛鼠委屈在小

籠子裡；而且，如果是和人很親的飛鼠（特別是蜜袋鼯），在聞不到飼主氣味的地方也會感到不安。考慮到這一點，比起寄放在外面，還是請人到家裡來照顧會比較好。

・只留飛鼠在家時

在飛鼠身體健康，又可以做好溫度管理的前提下，一個晚上沒人在家應該沒問題；但如果是必須準備含水分較多的食物的蜜袋鼯，要讓牠獨自在家超過兩晚就比較困難了。給牠水分較少的食物，如果牠會用飲水瓶喝水的話，最多或許能外宿兩個晚上。最好將離家天數的食物量準備好，為了保險起見，飲水瓶也要多放幾個。溫度管理請用空調等較為安全的方法來進行。在盛夏或寒冬等氣候較為極端的時期，最好還是不時請人過來看一下會更安心。

・託人照顧

如果有家人或朋友可以照顧飛鼠的話，不妨拜託他們吧！太過細節的小地方就算了，只要請他們做最低限度的照顧工作就好。為免在照顧時讓飛鼠逃走，如果可以的話，拜託有照顧小動物（最好是飛鼠）經驗的人來幫忙會更好。

・委託寵物保母

也可以委託寵物保母。習慣照顧飛鼠的寵物保母應該不多，所以事前應該要充分溝通，請對方做最低限度的適切照顧。

・寄宿

如果要利用寵物旅館時，請先確認對方是不是慣於照顧小動物、對於較特別的飲食可以做到什麼程度、是不是會跟貓狗等隔開在不同房間等。有些寵物店和動物醫院也可以接受寄宿（有些必須要是老顧客才行，請先加以確認）。

和飛鼠外出

帶飛鼠外出上醫院或回老家時，請儘量做好準備，以減少飛鼠的負擔。尤其是帶身體不適的飛鼠上醫院、在盛夏或寒冬外出時，必須要特別注意。

・攜帶式提箱

請準備攜帶式的小提箱。夏天可以用通風良好的提籠，冬天則可以用保溫性高的塑膠飼育箱。由於飛鼠喜歡身體被包圍的安心感，不妨在裡面放入刷毛布，或是鋪上幾層揉皺的柔軟報紙等，好讓牠能鑽進去。也可以放入牠平常使用的布包，周圍再用刷毛布或報紙等圍起來以免移動。比起在廣闊又可自由活動的地方，稍微狹窄一點的地方對牠們而言更為舒適。為了避免漏水，請不要使用飲水瓶，改放水分較多的蔬菜或水果吧！

回老家時，即使可以將平常使用的籠子帶回去，也請務必要將飛鼠移入別的小籠子裡。

・溫度對策

準備一個可以放入攜帶式提箱的包包，在提箱的外側底部放置暖暖包，以作為防寒對策。由於暖暖包是利用氧氣來發熱的，因此包包不能完全緊密。有些暖暖包只要用微波爐加熱就可以長時間使用，不妨找一下安全的種類吧！

至於夏天的抗暑對策，則可以用保冷劑（請用毛巾包起來，以免過冷）來取代冬天的暖暖包，放在攜帶式提箱的旁邊。夏天要外出時，請選擇上午或傍晚以後較為涼爽的時段；可以的話，請不要在中午的時候外出。

・回老家時

如果可以的話，要帶飛鼠回老家時，請將較寬闊的籠子也順便帶去，或是先用寄的寄回去。另外為了保險起見，也要先調查好附近的動物醫院。

・搭汽車時

夏天開車移動時要特別注意。即便只是離開一下子，車內的溫度也會急遽上升（根據日本自動車聯盟的官網顯示，當外面氣溫是23℃時，車內最高有48℃，而儀表板上方甚至可能高達70℃）。請不要單獨將飛鼠留置在車上。

・搭電車時

攜帶式提箱會被視為手提行李。以ＪＲ來說，長度在70㎝以內、三邊合計約90㎝左右、重量不超過10㎏者，可以當作「普通攜帶品」，只要繳交日幣２７０圓就能帶上車。

和飛鼠遊戲

○對飛鼠而言，遊戲是什麼？

對飛鼠而言，「遊戲」到底是什麼呢？野生的飛鼠，一整天都在四處尋找食物、吃東西、構築舒適的巢穴以及尋找繁殖對象；如果是蜜袋鼯的話，還會在群體的夥伴身上彼此留下氣味等。飛鼠的遊戲就是由這許多行動模式結合而成的。

但是，作為寵物的飛鼠一睡醒就有食物，也有舒適的巢穴；有時就算想留下氣味也不見得有對象。也就是說，原本應該有的行動都無法做到了。做不到這些行動雖然不會讓飛鼠馬上生病，但卻會讓飛鼠的心靈覺得空虛。

藉由增加行動模式，讓飛鼠天生的（本能的）需求獲得滿足，以提高生活品質——這就是飛鼠的「遊戲」。

・滿足天生的需求

尋找食物、吃活的昆蟲類（蜜袋鼯、美南飛鼠）、鑽入狹小的巢穴裡、滑翔；若是蜜袋鼯的話，還會在同伴間彼此互留氣味或梳毛——這些行動，可以讓飛鼠感到滿足和安心。

・帶來刺激

雖然要避免強烈壓力所帶來的刺激，但是可以激發好奇心、促使其做出不同於以往的行動、使其思考的刺激，倒是可以讓生活更加活性化。給牠們陌生的玩具時，牠們會一邊害怕地觀望，一邊摸索出屬於自己的玩法；或是讓牠們非得四處尋找才能發現食物等，這些都會帶來良好的刺激。沒有刺激的生活會讓飛鼠感到無趣，也是引發自殘（參照第151頁）的原因。

・增加運動的機會

飛鼠的行動範圍原本是非常寬廣的。只在狹小的籠中生活而缺乏運動量，導致過胖的飛鼠並不少見。請放牠出來玩遊戲，或是費點心思讓牠可以在大籠子中四處活動等，儘量製造可以讓牠運動的機會吧！

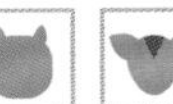

・**溝通交流**

被叫到名字後，只要來到飼主身邊就可以得到好吃的東西——若能讓飛鼠理解「只要做出某種行動就會發生好事」，該行動就能成為一種遊戲。也可以強化彼此的信賴關係。

○在籠內的遊戲

即使會放牠出來房間，但以大多數的情況而言，飛鼠待最久的地方還是在籠子裡。請設置棲木、平台、吊掛玩具或轉輪（如果牠會玩的話），為牠打造一個不會無聊的環境吧！最重要的是安全性。另外，如果籠子不大的話，也要注意不要放太多東西而讓空間變得更狹小（玩具↓第54頁）。

設置好玩具後，請仔細觀察飛鼠是否有安全地使用。偶爾可以改變一下放玩具的地方，或是在稻草製的吊掛玩具中塞入牠愛吃的東西等，這樣也很有趣喔！

○一起玩遊戲

等飛鼠變得與人親近後，摸摸牠的耳後或下巴下方也是很好玩的遊戲之一。

其他也可以用一隻手拿著牠愛吃的東西，讓牠猜猜看是哪一手；或是準備幾個小紙盒，在其中一個紙盒裡放入牠愛吃的東西，就可以利用牠敏銳的嗅覺來玩遊戲了。之後會介紹的滑翔訓練（參照第122頁）也可以在遊戲中加深彼此的信賴關係。請務必想出各種遊戲來和飛鼠同樂吧！

＊不要使用項圈和牽繩

雖然市面上有販售小動物用的項圈和牽繩，但要限制會到處活動的飛鼠的行動是一件很危險的事，而且牠可能會因為想掙脫項圈而鉤到趾甲，或是不小心卡在嘴裡等。請不要將這些東西用於飛鼠身上。

室內遊戲的注意事項

○在放牠出來玩之前

請務必要馴服飛鼠後，才能放牠出來玩。若是將尚未馴服的飛鼠放出來房間，之後要抓牠回籠可就沒那麼簡單了。如果可以選擇讓牠出來玩的房間，剛開始最好先選擇小一點的房間。不僅較容易抓牠回籠，在籠外要與飼主溝通交流也會進行得比較順利。

在放飛鼠出籠前，一定要先確認窗戶有沒有都關好了、四周有沒有危險的東西等。放牠出來玩的時候，為了飛鼠的安全著想，也為了讓牠更馴服飼主，請飼主務必要陪在牠身邊。

另一個方法是只區隔出某個地方給牠出來玩，而不是讓牠在房間裡完全自由。像是有很多飼主都會準備蚊帳，讓飛鼠在裡面玩。

放牠出來玩的時候，雖然沒有硬性規定一定要將房間的燈光調暗，或是非得將對眼睛溫和的紅色玻璃紙貼在燈管上才行（雖然也不是不能這樣做），但是請務必要做出一個讓房內燈光昏暗的時段。

○室內的安全檢查

□家具上方

飛鼠會用銳利的趾甲爬上牆壁或窗簾，也會爬到家具上。請勿將危險的東西、可能會掉下來的東西等放在家具上。

□空調器具的縫隙

有些空調器具的側面會有開口，必須要裝上鐵絲網等以免飛鼠跑進去。

□觀葉植物

有些觀葉植物是有毒的（參照第182頁）。即使知道植物本身無毒，但除非是不使用化學肥料和殺蟲劑的，否則請勿放在飛鼠的活動範圍裡。

橡膠樹原本就是蜜袋鼯喜歡的植物，但作為觀葉植物販售的種類或許會使用化學肥料和殺蟲劑，因此並不適合讓飛鼠在上面玩。

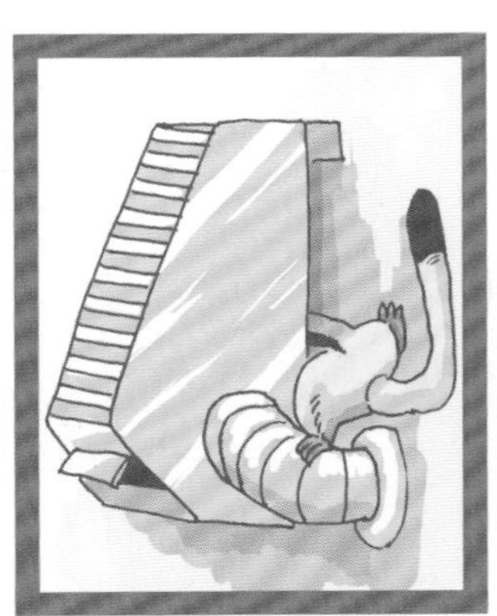

□家具的隙縫

家具之間的隙縫、家具下方的隙縫也是飛鼠常鑽進去的地方。要注意是否有電線和殺蟲藥等。

□書本的縫隙

飛鼠也會鑽到書櫃的書本縫隙中。可能會把書弄倒而被卡住，或是咬書、在上面排泄而弄髒書本等。

□人的腳邊

飛鼠雖然很少會下來地面，但是作為寵物的飛鼠卻會在地板上走。已經馴服的飛鼠會主動來到人的身邊，也會走近人的腳邊，因此要非常注意以免不小心踩到或踢到牠。

□抱枕下面等

沙發的抱枕下面、地上的地墊下面也是飛鼠會鑽進去的地方。為了避免在不知情的狀況下壓到牠，請多加注意。

□家具下的腳輪

籠子、椅子、手推車等，要移動底部附有腳輪的器具時，請特別注意。

□逃走

為了避免飛鼠從窗戶逃走，或是跑去其他房間，一定要注意關緊門窗。另外，也要注意是否有可讓飛鼠通過的通風口。如果是比較舊的房子，牆壁和天花板可能會有縫隙。在放飛鼠出來前，請先仔細檢查一遍。

□電線

不僅是嚙齒目的飛鼠，蜜袋鼯也會啃咬電線和電話線。這樣不僅會讓飛鼠觸電，還可能會造成火災。請加裝電線保護管等，避免讓飛鼠直接接觸到吧！

□衣服的口袋

如果將衣服掛在外面的話，飛鼠可能會鑽進口袋裡睡覺。要是沒注意的話，很可能會直接拿去洗，或是披在沙發上，一屁股就坐了下去，甚至口袋裡裝著飛鼠就外出了等等，請務必多加注意。

□化學藥品等

清潔劑、化妝品、化學藥品之類的東西請收納好，不要讓飛鼠接觸到。

□衝撞玻璃

飛鼠在滑翔時，可能會衝撞到透明的玻璃。要放飛鼠出來時，請先將房裡的窗簾拉上。

□廁所和浴室

以前曾經發生過廁所門沒關、馬桶蓋也沒蓋上，導致飛鼠掉進馬桶裡的事故。同樣地，浴室的浴缸、洗手台等也要注意。請只讓飛鼠在安全的房間裡遊玩吧！若房裡有水槽的話，一定要蓋上蓋子。

□在牆壁或窗簾上排泄

牠應該是以為自己在樹幹上排泄吧！飛鼠經常會在牆壁或窗簾上排泄。一旦發現，就要馬上擦掉，使用抗菌除臭劑等。若是有飛鼠一定會爬上去的地方，不妨在那裡蓋上一塊布，並且勤加清洗（參照第１２２頁）。

□換氣扇和電風扇

為了避免飛鼠滑翔時一頭栽進去，請先套上套子。

□貓狗等動物

請注意不要讓飛鼠看見貓、狗、雪貂等捕食動物。即使有籠子保護，飛鼠也會感受到壓力。

□人吃的糕點

請不要把人吃的食物直接放在外面。有些東西——像巧克力——對飛鼠來說是有毒的。

□菸蒂等

香菸、菸蒂、藥品等，請注意桌上是否有沒收好的危險物品。

放飛鼠出來玩時，請務必一定要掌握「牠在哪邊做什麼事」。

○怎麼辦？
放牠出來玩時的排泄問題

由於飛鼠的排泄物味道很重，如果讓牠在房中排泄的話，可就傷腦筋了。為了盡可能不讓牠在外面排泄，請仔細觀察牠排泄的時機。因為牠們大多會在傍晚起床後就排泄，所以請避免一睡醒就放牠出來，而是要等牠排泄完後再放牠出來。

○向滑翔訓練挑戰

看著飛鼠向自己滑翔而來，是只有飼主才能享受的樂趣。不僅如此，還有助於培養與飛鼠之間的信賴關係。等飛鼠較為馴服後，不妨挑戰看看吧！另外，由於飛鼠降落時會立起趾甲牢牢抓住，只穿單薄衣物時要特別注意。

①前提是飛鼠已經馴服到一看到飼主手拿零食就會過來。
②剛開始時，可以趁飛鼠在沙發或椅子上等不太高的地方時給牠吃零食。
③在稍遠一點的地方讓牠看見零食，等牠飛過來。
④當飛鼠要飛過來時，請不要有任何動作。
⑤等訓練到牠一定會飛過來時，就可以提高高度。看準牠剛好站在比飼主還高的地方時，像是家具上、窗簾軌道上等。
⑥在該處餵牠吃零食。
⑦在稍遠一點的地方讓牠看見零食，等牠飛過來。
⑧先從近距離開始，再慢慢地拉開距離。

我家飛鼠的遊樂場

case 1 蜜袋鼯

和蜜袋鼯遊戲的房間裡設置了放籠子的棚架、鏡子、上面還有伸縮桿。我盡可能讓牠在高處玩，並且極力將這些器具錯開來擺放，好讓牠們可以進行滑翔。也有用繩子將伸縮桿和鏡子綁在一起的遊樂場。晚上我會放牠們出來房間裡玩，並且到處放了布包；早上不論牠們在哪裡睡覺都能馬上放回籠子裡。（奈緒子）

case 2 蜜袋鼯

棚架上面就是遊樂場。玩具是在百圓商店裡購入的葡萄酒架、伸縮桿和曬衣架等。一到了晚上，牠們經常會在這裡玩。棚架下方則是牠們平常的生活空間。（平嶋千奈美）

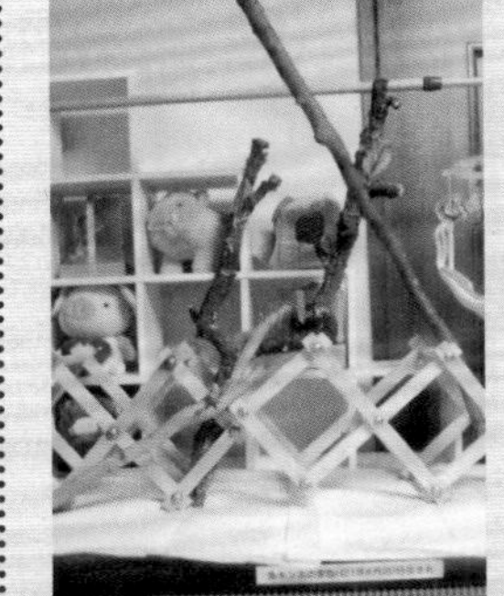

case 3 蜜袋鼯

放牠們出來房間玩時，發現牠們好像特別喜歡爬到門框上，所以就在旁邊裝了可供休息的板子。（CHEI）

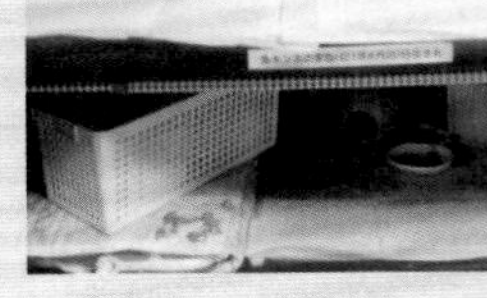

case 4 美南飛鼠

我會去木材行買生木，或是去要人家採伐的木頭，設置在籠子內外處。我把木材插在固定外構立柱用的金屬物上，讓它可以自行立在房間裡。由於樹枝並沒有固定，所以偶爾我會改變一下配置。木材全部都是闊葉樹。（三田村）

case5 美南飛鼠

我自己做的攀爬台，給牠們在室內散步時使用。（mifa）

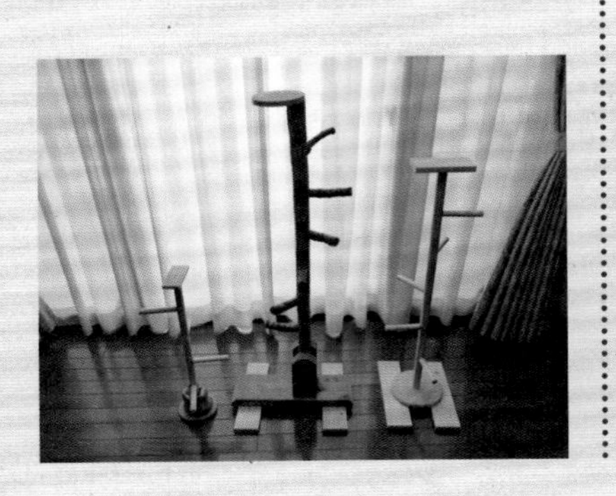

收集飛鼠！

飛鼠商品大收集 part 3

在Part 3要介紹的是可以感受到木頭的溫暖，
以及走療癒路線、表情充滿魅力的蝦夷飛鼠的商品！

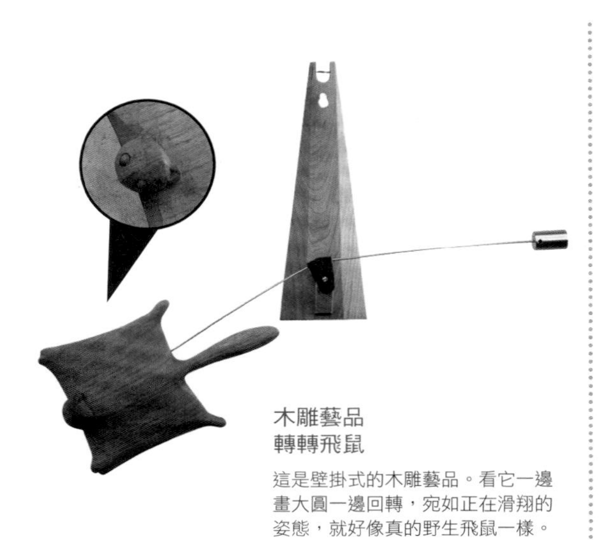

木雕藝品
轉轉飛鼠

這是壁掛式的木雕藝品。看它一邊畫大圓一邊回轉，宛如正在滑翔的姿態，就好像真的野生飛鼠一樣。

圖片提供：雜貨擺飾商店「a-mon」

小小的森林時鐘

掛在牆壁上，看起來就好像飛鼠真的在巢穴裡往外偷看一樣。每次看時間就可以和飛鼠四目相對喔！

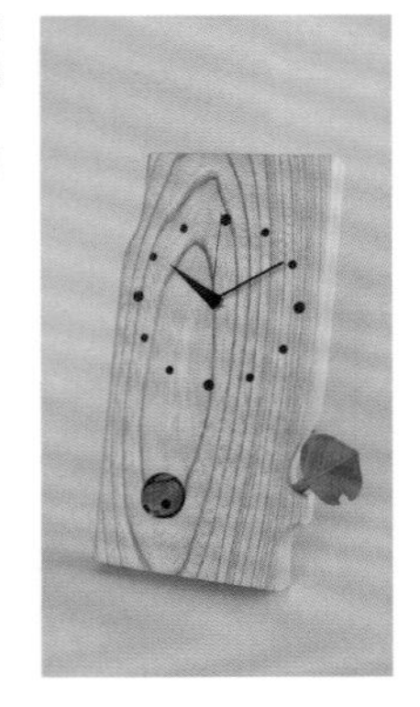

蝦夷飛鼠
紙鎮

用手拿著牠搖晃，就可以聽見叩噠叩噠的森林的聲音。放在桌上，一定可以療癒你的心！

拉車玩具　飛鼠車

這是蝦夷飛鼠的拉車玩具。蝦夷飛鼠在過去曾被北海道的原住民們稱為「孩童守護神」，是很吉利的玩具。

盒中飛鼠

這是模仿飛鼠在巢穴裡只露出臉部的可愛裝飾品。可以改變臉部的方向。

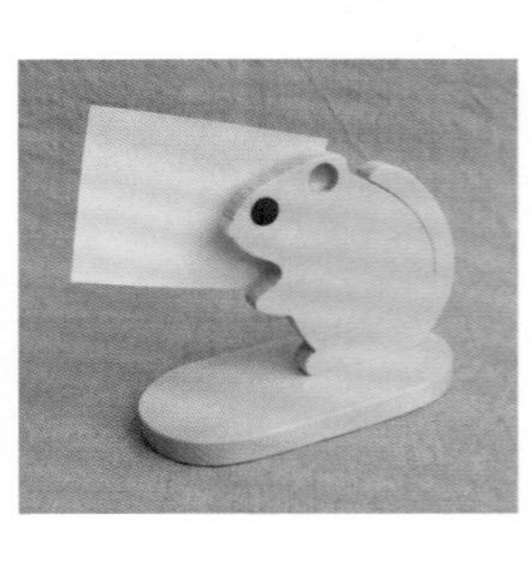

飛鼠
卡片座

可以裝飾卡片、照片、便條紙的卡片座。背面附有夾子，看起來就好像是由飛鼠拿著一樣。

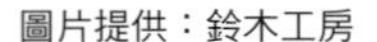

圖片提供：鈴木工房

此為2010年5月的資訊。詳細詢問處請看185頁。

breeding of sugar glider & flying squirrel

第 7 章
飛鼠的繁殖

在繁殖之前

要事先考慮的事

雖然體型小，卻確實擁有飛膜，但又還無法獨立生活的小飛鼠。那模樣真的非常可愛。或許有很多飼主都希望讓自家的飛鼠繁殖吧！

在飼育狀態下，新生命的誕生和飼主大有關係。如果將公的飛鼠與母的飛鼠分開飼養，就不會生下小寶寶；但只要將牠們進行配對，小寶寶就會誕生。對飼主來說，這是孕育生命的重責大任。

在讓飛鼠繁殖前，有許多事情必須考慮清楚。像是如何打造出更好的環境、如何採取更適合的對待方式等。請仔細考慮過接下來的事情後，再來進行飛鼠的繁殖。

感受生命的感動

母飛鼠細心地育兒，小飛鼠隨時隨地黏著母親；而小小的蜜袋鼯還要在更小的育兒袋中孕育生命、使其長大——看著一個新生命誕生、日漸成長茁壯，是非常讓人感動的一件事。

原本笨拙的動作，曾幾何時已經能敏捷靈活地四處移動；等注意到時，小飛鼠已經長大，展現牠優異的滑翔技巧了。這時心中的感動，或許就跟「孫子上小學」是一樣的吧！

而這些小飛鼠有一天或許也會為人父母，再將生命傳承給下一個世代。繁殖可以說是能夠讓人切身感受到生命的寶貴時刻。

美南飛鼠

蜜袋鼯
圖示說明

對生命的責任

首先最重要的，就是要對新誕生的生命負責。

和美南飛鼠相較之下，蜜袋鼯更容易繁殖。雖然一次生下的隻數並不算多，但因為一整年都可以繁殖，如果不仔細管理的話，很可能會生個不停。對於所生下來的小飛鼠，你能夠負起責任飼養到最後嗎？畢竟牠們可是能活10年以上的長壽動物。

隻數一增加，照顧的時間和花費的金錢也會跟著增加，對飼主來說負擔也會變重。要尋找可以收養的新飼主時，一定要找能夠理解飛鼠、正確地飼養，並且能好好珍惜牠們的人才行。

在這一點上，當然美南飛鼠也是一樣的。雖然並不算是容易繁殖的動物，但一年還是有2次的發情期，最多可以生下7隻小飛鼠。

另外，生兒育女這件事，就算會因個體而有某些程度的差異，但還是會對母飛鼠的身體造成負擔。請不要抱著「想看我家的飛鼠生寶寶」的心情隨便看待這件事，而是要以「是否能讓繁殖成功」的角度來仔細思考。選擇適合繁殖的個體，也可說是對母飛鼠的生命負責的態度。

繁殖外來物種的責任

作為寵物的飛鼠並非是原本就棲息於日本的動物，而是外來的物種。日本在2006年就已經禁止飼養西伯利亞小鼯鼠的新個體了；而蜜袋鼯和美南飛鼠因為並不是特定外來物種，所以飼育當然沒問題，就連繁殖也不受限制。

但是，想要繁殖外來物種的話，一定要事先想清楚應負的責任才行。這並不是多困難的事。只不過既然要繁殖，就要終生持續飼養（或是尋找可以持續飼養的人），避免發生讓牠脫逃的事。就算不是故意的，但若是「棄養飛鼠」的事頻繁發生，使得造成話題的事件越來越多時，將來很可能會禁止飛鼠的飼養。請務必要理解，飼養外來物種、使其繁殖的責任是非常重大的。

選擇繁殖的個體

○健康狀態

並不是任何個體都可以讓牠繁殖。要使其順利繁殖，在肉體上和精神上都有其適合的條件。

當然，最重要的就是要達到性成熟（蜜袋鼯→129頁，美南飛鼠→134頁）。

其次，身體必須要健康強壯才行。在胎內孕育胎兒、生產、哺乳、育兒，這些都是非常耗費體力的事（蜜袋鼯的懷孕期間較短，胎兒也較小，因此到出生為止的負擔算是比較少的，但真正辛苦的是在幼鼯進入育兒袋之後。由於有袋類到完全斷奶為止非常花時間，所以即便幼鼯已經長得很大了，還是可能會鑽進育兒袋中）。因此，身體太小的、太瘦的、體弱多病的、營養不良的、年紀太大的都不適合。還有，就算還稱不上是高齡，但上了年紀後才初次生產的話，很可能會發生危險；過胖的個體也可能會繁殖失敗。

不僅是母飛鼠，當父親的公飛鼠身心健康也很重要。還有，不論公母，都必須要是沒有遺傳性疾病（例如美南飛鼠的咬合不正等）的健康個體才行。

＊蜜袋鼯的繁殖與肥胖問題

目前已知母鼯如果過度肥胖的話，幼鼯會罹患早發性白內障（參照第157頁）。

○個性

並如果母飛鼠是完全不親近人，或是非常神經質的個體時，只要稍微感受到一點環境的變化或是人為的壓力，極有可能就會放棄育兒或是吃掉自己的小孩。如果無論如何都想讓這樣的個體進行繁殖時，務必要細心注意才行。

另外，繁殖好幾次都失敗的個體、老是放棄育兒的個體等也都不適合繁殖。

○關於近親交配

由於蜜袋鼯和美南飛鼠都可以多隻飼養，如果一直將父母子女和兄弟姐妹養在一起的話，就可能會發生近親交配。除非是專門的繁殖業者為了要做出某些毛色，或是非常了解繁殖上的專業知識，否則都不應該讓牠們近親交配。

實際進行繁殖

蜜袋鼯的繁殖生理

・**性成熟**：所謂的性成熟，指的是在生殖方面的身體機能已經完成的意思（也就是公鼯睪丸發達，可以製造精子，進行交配、射精；母鼯卵巢發達，可以製造卵子，進行排卵、發情之意）。一般而言，母鼯在8～12個月，公鼯在12～15個月時就算性成熟了，但最快也有出生後3個月就性成熟的報告。

・**繁殖季節**：在野生狀態下為季節性繁殖，會在昆蟲類豐富的時期進行交配；但在飼育狀態下，一整年間都可以繁殖。

・**繁殖次數**：在野生狀態下，一般來說是可以在繁殖季節時生產2次；但在飼育狀態下，由於並沒有特定的繁殖季節，因此可以頻繁地生產。

・**發情週期**：所謂的發情是指母鼯在性成熟後，準備接受交配的狀態。大約每29天就會發情一次。

・**發情期間**：一次發情會持續2天，發情後第2天就會排卵。

・**分娩後發情**：有些母鼯可能會有的現象（參照第130頁）。

・**懷孕期間**：15～17天（幼鼯要爬進育兒袋中待2個月後才會出來）。

・**產子數**：1～2隻。大多為2隻（81%），但有時也會只產1隻（19%）。另外，母鼯共有4個乳頭。

・**幼鼯的大小**：體長約5mm，體重0.16g。

・**性別的分辨法**：可以用公鼯前額部的臭腺、母鼯腹部的育兒袋來分辨性別，或是用生殖器來分辨。公鼯在泄殖腔（陰莖也位於其中）前方有陰囊，而母鼯從小時候就可以看出有育兒袋。

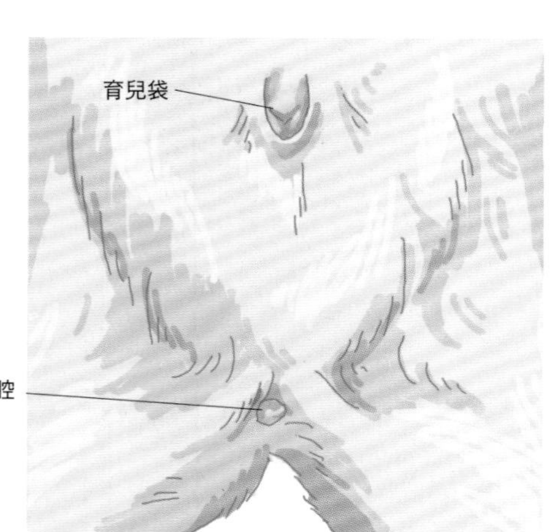

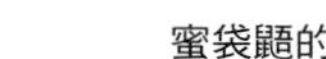
蜜袋鼯的生殖器

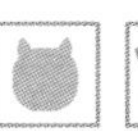

有袋類繁殖的特徵

有袋類雖然也是哺乳類，但在「如何養育幼體」這一點上卻和一般的哺乳類有很大的不同。有袋類（和單孔類）以外的哺乳類，都是由母親經由胎盤來供給營養給胎兒的；而有袋類沒有胎盤，是由胎兒的卵黃囊接觸子宮壁，從母親那邊獲得營養的。蜜袋鼯大約在第16天左右、大灰袋鼠約在第36天左右，就會產下身體尚未發達的胎兒。至於剛出生時的大小，即便是日後會長成60kg重的大灰袋鼠，也只有約0.8g左右。

生產完後，母親會在泄殖腔到育兒袋（參照第11頁）之間舔出一條路線，幼體會循著母親的氣味，用比其他部位更發達的前腳順著路線往上爬，進入育兒袋中；幼體一旦含住育兒袋中的乳頭，乳頭便會膨大，讓幼體緊緊含住而不輕易鬆脫。由於下顎尚未發達，所以幼體無法靠自己的力量含住乳頭；直到下顎變得發達、可以自行含住或放開乳頭之前，幼體都是處於吸附乳頭的狀態，會充分地飲用母乳而成長。

牠們的生殖器也非常獨特。公的陰莖前端分為2叉（參照第145頁），母的也有2個陰道和子宮，而精子就會被送達至各自的子宮中。

有袋類有一種「延遲著床」的構造。生產後，母的會立刻發情（分娩後發情）、交配、懷孕。這時形成的胎兒會在發育階段的初期狀態成為「休止胚」，萬一育兒袋中的幼體死亡的話，胚胎就會繼續生長。

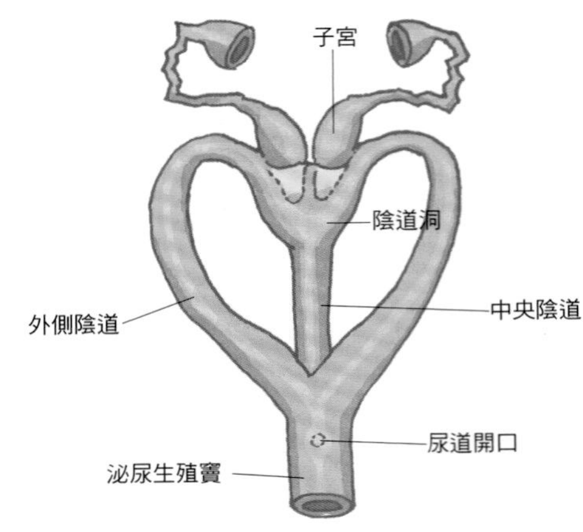

負鼠的內生殖器

蜜袋鼯的繁殖順序

○一開始就配對時

一開始就成對飼養時，如果公鼯、母鼯都性成熟了，只要母鼯一發情，就有交配、懷孕的可能。

○做成新的配對時

要做成新配對的順序和多隻飼養時的順序一樣（參照第111頁）。

○發情

發情時，母鼯會發出「汪汪」或「ㄤㄤ」的叫聲，對公鼯表現出強烈的興趣；此外，還會一直嗅聞泄殖腔的氣味並加以舔舐。若是出現這種行為時，大多在24小時之內就會進行交配。

○交配

交配時，公鼯為了固定母鼯的身體，會咬住母鼯的背部或抓住母鼯的被毛。看起來雖然很粗暴，但幾乎是不會有問題的。

○懷孕、生產

母鼯大約16天就會生產，在育兒袋中進行育兒。一般而言，飼主是很難察覺母鼯懷孕、生產的。剛出生的幼鼯眼睛還看不見，身上光禿無毛，耳朵也只是個小圓塊而已。

○在育兒袋中生活

飼主一般發現母鼯生產了，大多是在幼鼯移至育兒袋之後。請勿為了加以確認而隨便亂摸母鼯的腹部，這樣可能會讓乳頭掉出幼鼯的嘴巴。

生後4週左右，飼主會許會發現母鼯有點小腹微凸；生後2個月左右，就可以看見裡面好像塞了帶殼花生一樣鼓鼓的，有時還會露出尾巴來。

○離開育兒袋

生後2個月左右，幼鼯的身體就會

開始露出育兒袋，但這個時候依然是含著乳頭的，要再過幾天後才會放開；直到生後70～74天才可以完全離開育兒袋。不過在這段期間內，幼鼯依舊會飲用母奶。

在剛開始的1～2週，幼鼯還是會想回到育兒袋中（但是因為身體太大所以回不去）。

○開眼

離開育兒袋後1週～10天左右就會開眼，被毛也會長齊。

○公鼯與育兒

公鼯也有作為父親的責任。由於幼鼯還不太會調節體溫，身體一下子就會變冷，為了避免幼鼯失溫，在母鼯吃飯、遊戲的期間，公鼯就會留在巢中照顧幼鼯。

如果公鼯不會追趕幼鼯、母鼯不會驅趕公鼯的話，一起飼養是沒有關係的。

關於睡床的數量：有一種說法是，當幼鼯開始會離開育兒袋後，籠內的睡床最好只設置一個就好。如果不這麼做的話，幼鼯就會和親鼯分開睡覺，而容易造成低體溫症狀。如果幼鼯和親鼯分開睡的話，請把牠帶去親鼯的睡床吧！

○育兒時期的環境和飲食

當認為母鼯的育兒袋中應該已經有幼鼯時，不妨就以這樣的假設來進行照料吧！

母鼯的精神狀態是否安定，也會影響到幼鼯的心理狀態。請營造出一個能讓牠們安穩生活的環境吧！不要過於吵鬧，維持適當的溫度和濕度，掃除作業也要儘速完成。絕對不能偷看育兒袋中的情況，或是想要拿出幼鼯。

如果親鼯很馴服於人類的話，等幼鼯開眼後，可以短時間地將牠抱在手上，大多是不會有問題的；但若是親鼯並未馴服時，幼鼯身上若沾有人類氣味的話，可能會讓親鼯加以警戒，要特別注意。

在飲食上，請充分給予動物性蛋白質。如果在飲食上有偏頗，或是鈣質不足的話，也可以添加鈣劑。另外，也請持續給予乾淨的飲水。

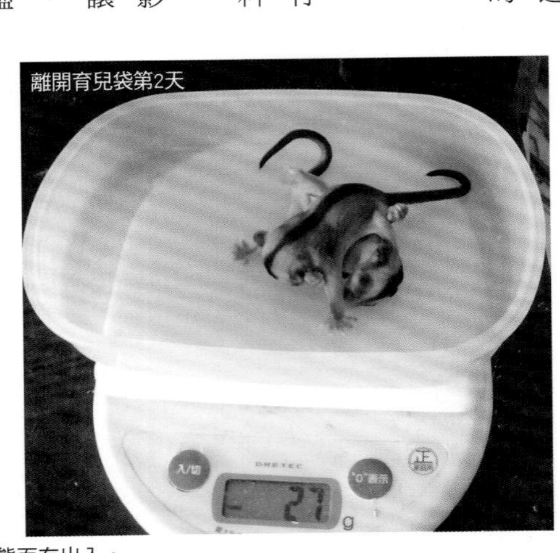

第7天

成長過程的天數只是大致基準，實際情況會因環境和營養狀態而有出入。

○開始斷奶

野生狀態的蜜袋鼯大約在離開育兒袋4個月（生後6個月）左右時就會獨立。

人工飼養時，在離開育兒袋後5週左右就會開始準備斷奶。幼鼯還是會喝母奶，但也會開始吃和成鼯相同的東西；如果幼鼯不會主動去吃的話，請給牠和親鼯相同的食物看看，但要避免給予太硬的東西。

○社會化期的重要性

生後8～12週左右（從離開育兒袋到開始斷奶為止）是接觸世界上的一切事物、可稱為「社會化期」的重要時期。只要在這個時期進行人工哺育，以後就會很容易親近人類。但是，和父母、兄弟姐妹間的接觸也很重要，如果父母肯用心育兒的話，就不需要早期斷奶，還是交給父母來照顧吧！

○幼鼯的獨立

離開育兒袋後8週（生後4個月）就可以獨立了。為了避免幼鼯離開父母兄弟後身體著涼，請營造一個溫暖的環境。

○一起飼養還是分開飼養

由於母鼯在幼鼯離開育兒袋後2～3週就可能會再度發情、交配，為了避免連續生產，最好將公鼯母鼯分開飼養，只在想讓牠們繁殖時才養在一起；或是讓公鼯去勢後，成對飼養；也可以採取「公鼯和公幼鼯一起，母鼯和母幼鼯一起」的方式來分開飼養。

另外，即便是幼鼯，也可以從陰囊和育兒袋來判定性別。只要陰囊沒有被被毛覆蓋住，應該都很容易看得出來。

幼鼯也可以判定性別。左邊是腹部有陰囊的公鼯，右邊則是腹部可看得見育兒袋入口的母鼯。

第12天

美南飛鼠的繁殖生理

・**性成熟**：1年。也有母鼠在生後9個月就性成熟的報告（關於性成熟→131頁）。

・**繁殖季節**：是季節性繁殖動物。在野生狀態下，繁殖季節會因不同地區而有所差異。例如在德州是12～1月和6～7月，密西根州是2～5月和7～9月（將緯度套用於日本時，德州相當於關東至沖繩本島；密西根州則大約是從青森越過北海道到俄羅斯的薩哈林州）。在飼育狀態下，由於日照時間、溫度、濕度、食物都不同，因此繁殖季節也會出現變化。

・**繁殖次數**：在野生狀態下，一年可以繁殖2次。

・**發情週期**：大約每41天就會發情一次（關於發情→131頁）。

・**發情期間**：一次發情會持續2天，發情後第2天就會排卵。

・**分娩後發情**：不明。

・**懷孕期間**：約40天。

・**產子數**：1～7隻（大多為3～4隻）。

・**幼鼠的大小**：體重3～6g。

・**性別的分辨法**

除了生殖器以外，公鼠、母鼠的外觀並沒有多大的不同。性別可以從生殖器到肛門之間的距離來判斷。距離較近、幾乎接在一起的是母鼠，距離較遠的則是公鼠。公鼠性成熟後，睪丸就會下降到陰囊中，因此應該很容易看得出來。一年中平均有250天都會在這種狀態下。

・**發情的訊號**

發情時，母鼠的外陰部會膨脹。平常是淡粉紅色的，這時會充血成深粉紅色，陰道也會出現開口。公鼠則是睪丸會下降到陰囊中。

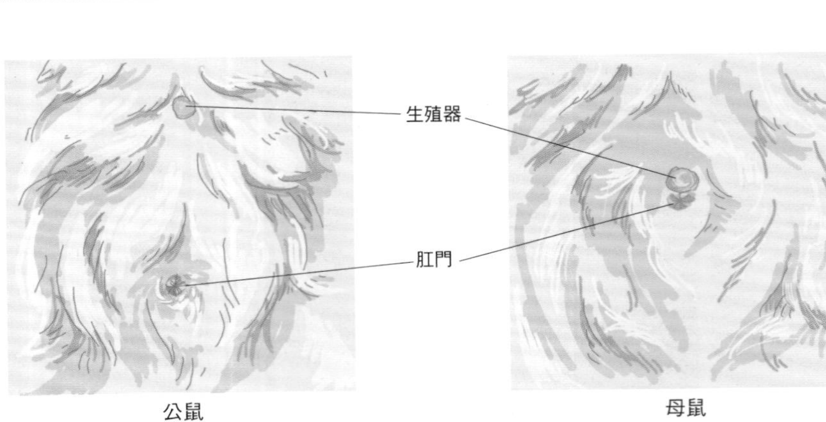

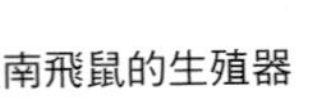
美南飛鼠的生殖器

美南飛鼠的繁殖順序

○一開始就配對時

飼養性成熟的配對時，只要一發情，很可能就會懷孕。

但是，也是有明明感情很好卻完全不繁殖的例子。在野生狀態下，牠們可以從眾多同伴中選擇交配的對象，但在飼育狀態下卻無法如此。

不管感情有多好，如果發情的時機沒有配合的話，就不會交配。飼育環境適切嗎？會不會一整天都非常明亮呢？溫度管理有做好嗎？是否有充分給予動物性食餌呢？

在野生狀態下，會有好幾隻公鼠爭奪一隻母鼠，但一般家庭是無法製造出這種情況的；此外，也或許是因為平常就有異性待在身邊，因此無法順利找到發情的時機也不一定。可以先將牠們分開，看準發情的時機再讓牠們待在一起，這也是一個辦法。

○為了繁殖才湊成配對時

在設置的「檢疫」期（參照第113頁）過了之後，就可以將籠子並排，讓牠們先互相認識一下。看準母鼠發情的時機，讓牠和性成熟的公鼠在一起。可以同時把牠們放出來房間；如果要放入其中一方的籠子裡時，要將母鼠放入公鼠的籠子裡。如果時機正確的話，馬上就會交配；若是快要打起來時，就要將牠們分開，等看起來似乎沒問題後，在讓牠們同居一陣看看。

○懷孕前期

交配完成後，要將公鼠和母鼠分開。因為公鼠並不會幫忙育兒，而且母鼠有時也會攻擊公鼠。

如果飼育環境有任何問題，就要趁早改善。一定要避免在接近生產時才改變環境。籠子的放置地點是否沒問題？巢箱是否足夠寬敞以供育兒？有一種說法是，若有上下兩個巢箱的話，生產時母鼠會選擇低的那一個；但其實只要籠內空間夠大，可以讓母鼠自己選擇喜歡的地方來生

產就行了。

如果有放牠出籠的習慣，請逐漸縮短出籠的時間。若是生產時沒有讓牠待在籠子裡的話，很可能會在房裡的某個地方生產。

○懷孕後期

要慢慢減少籠內的清掃工作。只將髒污的地方迅速清理乾淨即可，並且安靜地補充巢材。

在懷孕和育兒時，要準備營養均衡的餐點和新鮮乾淨的飲水，並請給予鈣質豐富的動物性食物。

到了懷孕後期，可以很明顯看出肚子越來越大。當接近生產時，母鼠會開始變得坐立難安；當牠完全待在巢箱裡不出來時，就是快要生產了。

○育兒

就算再怎麼好奇，也請不要偷看巢箱，否則不安的母鼠很可能會放棄育兒。請安靜地在一旁守護牠吧！由於母奶是幼鼠必需的營養成分，又含有免疫物質，因此必須要營造一個可以讓母鼠放心餵奶的安靜環境才行。打掃也要安靜且迅速地進行。

開眼後，就可以在巢中看見幼鼠的模樣了。繼續供應營養均衡的食物和新鮮的飲水。只要母鼠有細心地育兒，就不需要特別準備斷奶食品。

○斷奶

生後42天左右就會開始斷奶，請漸漸讓牠吃一些成鼠的食物吧！由於這時候幼鼠還會喝母奶，因此在餵奶期間請勿打擾。過不久後，母奶和成鼠飲食的比例就會逆轉了。食物的量要稍微準備多一點。

生後65天就會斷奶，可以獨立了。如果要單獨飼養的話，請務必要注意保溫。

雖然早期斷奶比較容易馴服於人，但是和父母及兄弟姐妹間的肌膚接觸也很重要，因此並不建議過早斷奶。

生後0天（誕生）

生後15天

○美南飛鼠的成長過程

誕生：體重3～6g。除了有一點鬍鬚以外，全身都光溜溜的。眼睛還沒睜開，耳朵也只是個小圓塊；雖然有趾甲，但指頭還是黏在一起的。可以透過薄薄的皮膚看見內臟，也已經看得出有飛膜了。

第3天：即使讓牠仰躺，也可以自行翻過來。

第6天：原本泛紅的皮膚開始變黑。腹部依舊是粉紅色。頭部、胸部、肩膀和背部的正中線開始長出短毛。外耳道依舊是密合的，但耳殼已經立起來了。

第12天：可以用前腳壓地，拖著後腳前進。

第14天：臉上和背部的毛變成褐色，下顎和胸部的毛則變成白色。所有的指頭都分離了，外耳道張開，可以聽得見聲音了。體重是10～15g。

第14～16天：長出下顎的門牙。

第20天：腹部和體側的毛開始長出，全身幾乎都覆蓋了被毛。

第21天：對吵雜的聲音會有反應。

第25～28天：全身的毛都長齊了。體重25g，身長15cm。上顎的門牙長出來，眼睛也張開了。

第33天：可以用前腳洗臉、用後腳搔抓後腦杓了。也可以自行搬運巢材，並且對成鼠的食物開始產生興趣。

第35天：全長17.5cm，體重30g。

第37天：雖然時間很短，但已經可以走出巢穴、慢慢地爬到樹幹上了。但還不能順利地爬下來。

第42天：開始斷奶。要花幾個禮拜的時間。

第44天：可以順利地爬下樹了。

第47天：可以飛越60～90cm左右。

第50天：可以滑翔約1.8m。

第65天：完全斷奶。

第84天：從頭部到尾巴開始換毛。已經可以獨立生活了。

成長過程的天數只是大致基準而已，實際情況會依環境和營養狀態而有所不同。

生後第27天

生後第36天

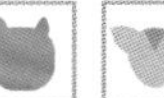

繁殖相關事項

○萬一母親不育兒時

在飼主動不動就偷看巢箱等無法安穩的環境下所帶來的壓力、母奶不足、幼鼠有先天性障礙等，這些情況都會導致母鼠放棄育兒。當幼鼠從巢穴中跑出來時，請先把牠放回母親身邊；如果母鼠還是無動於衷的話，就需要人工哺育了。如果是蜜袋鼯，這種情況大多會發生在幼鼯離開育兒袋後2週左右時。當母鼠判斷不再餵養幼鼠時，有時甚至會把幼鼠吃掉。

○萬一幼體跑出巢穴時

請在幼鼠身體變冷前就讓牠回到母親身邊。為了避免徒手碰牠而留下人的氣味，請戴上沒有沾染氣味的手套輕輕地抓住，或是用塑膠湯匙將牠舀起放回去。

○以效率為主的繁殖

在蜜袋鼯中，地位高的公鼯會和複數的母鼯交配；美南飛鼠也不是一夫一妻制的。因此在繁殖場中，會把1隻公鼠和數隻母鼠放在一起，以提高繁殖效率。在一般家庭中，萬一所有母鼠都生產的話，事情可就大條了。特別是囓齒目的飛鼠，雖然在家庭飼養的情況下較不易繁殖，但為了保險起見，建議還是採取一公一母的配對來進行繁殖，以免到時數量暴增。

○購入年幼的蜜袋鼯時

・餵奶

寵物店裡販售的蜜袋鼯大多都是很年幼的個體，依照月齡的不同，有些還需要飼主餵奶才行。

就算不知道「生後過了幾天」，但應該可以知道離開育兒袋後過了多久。因為幼鼯要到離開育兒袋後4週左右才會開始斷奶，所以這段時期請務必要餵牠喝奶（蜜袋鼯專用或幼犬用的奶水）。為了避免弄濕幼鼯的身體，請用毛巾將牠包起來，將放涼至肌膚溫度的奶水一滴一滴地讓牠舔舐。

雖然要慢慢地將食物的比例改成和成鼯一樣，但最快直到離開育兒袋6週左右，都還是要讓幼鼯喝奶。在飼主醒著的時候，只要幼鼯想喝，不妨每隔4小時就餵一次。

請以離開育兒袋後8週為基準，切換成成鼯的食物。可以準備和成鼯一樣的食物，但要切小塊一點以方便幼鼯食用。

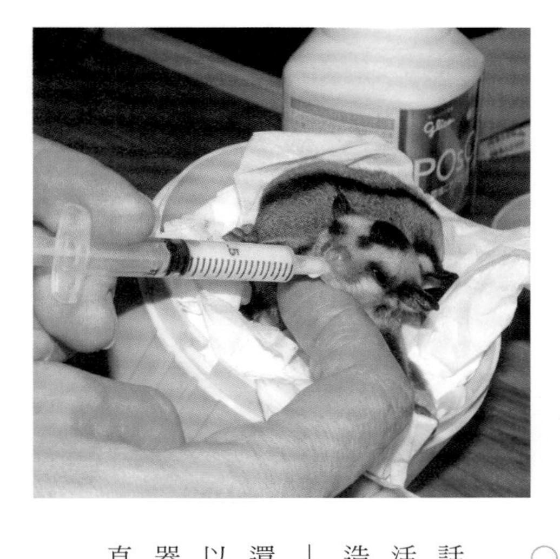

・保溫

請為小飛鼠營造一個溫暖的環境。

舉例來說，可以在塑膠箱（30cm左右）底下鋪上寵物保溫墊，並在底部墊上柔軟的布（刷毛布等），並鋪上衛生紙，以便弄髒時可以馬上清理；最後再讓幼鼯躺在上面。如果已經長到可以在寵物店裡販售的程度的話，溫度差不多要設定在30度左右。幼鼯需要溫暖、陰暗而潮濕的環境，濕度請設定在50～60％。可以在較深的容器裡放入充分浸濕的海綿，蓋上紗布後放在塑膠箱的角落。隨著成長，要慢慢將溫度下降；等過了8週後，就可以視情況移到籠子裡了。這時還是要使用寵物保溫墊，以免環境突然變冷。

除此之外，幼鼯喝了多少奶水、排泄物的狀態如何、體重的成長等也都要記錄下來。

○人工哺育

被母親放棄的幼體若是置之不理的話是會夭折的。雖然年紀越小就越難養活，但還是盡可能地照顧牠吧！除了營造溫暖的環境、餵牠喝奶（餵奶的次數→178頁）、確認體重有無增加之外，還必須要幫助牠排泄。至少要一天2次，以沾濕的棉花棒輕微地刺激尾根部與生殖器・泄殖腔之間的部分，以促使其排泄。直到開眼一個星期為止都要持續進行。

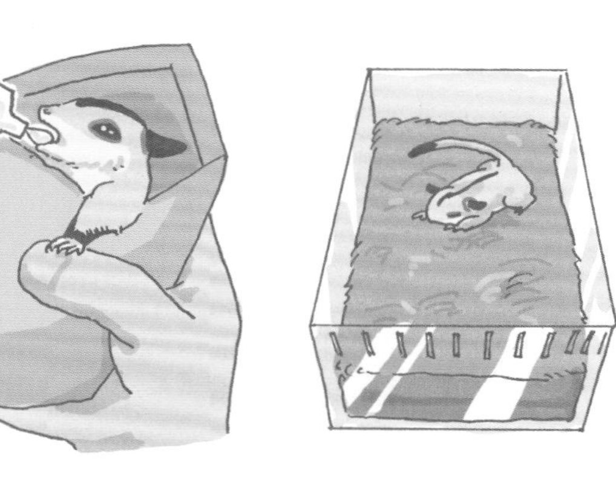

飛鼠♥照相館 Part 3

得分力不足的缺點
就由我來彌補！

我不是小毛巾，
是蜜袋鼯喔！

啊～腋下好癢啊！

呼啊～睡得好飽～

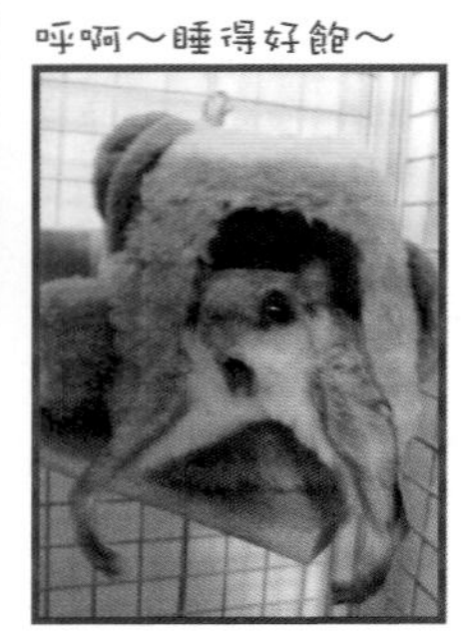

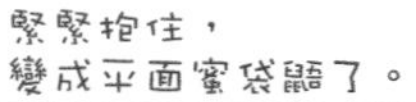

緊緊抱住，
變成平面蜜袋鼯了。

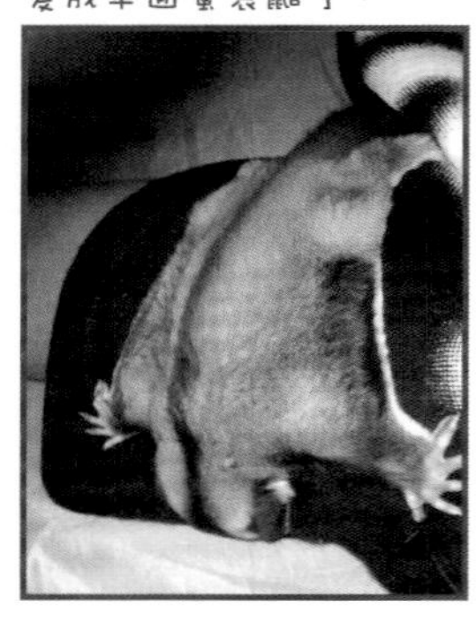

發現寶山！
不可以吃太多喔！

嘿咻嘿咻！
我正在做柔軟操！

有好床和舒適的棉被，
可以睡個好覺了～

medical science of sugar glider & flying squirrel

第8章
飛鼠的醫學

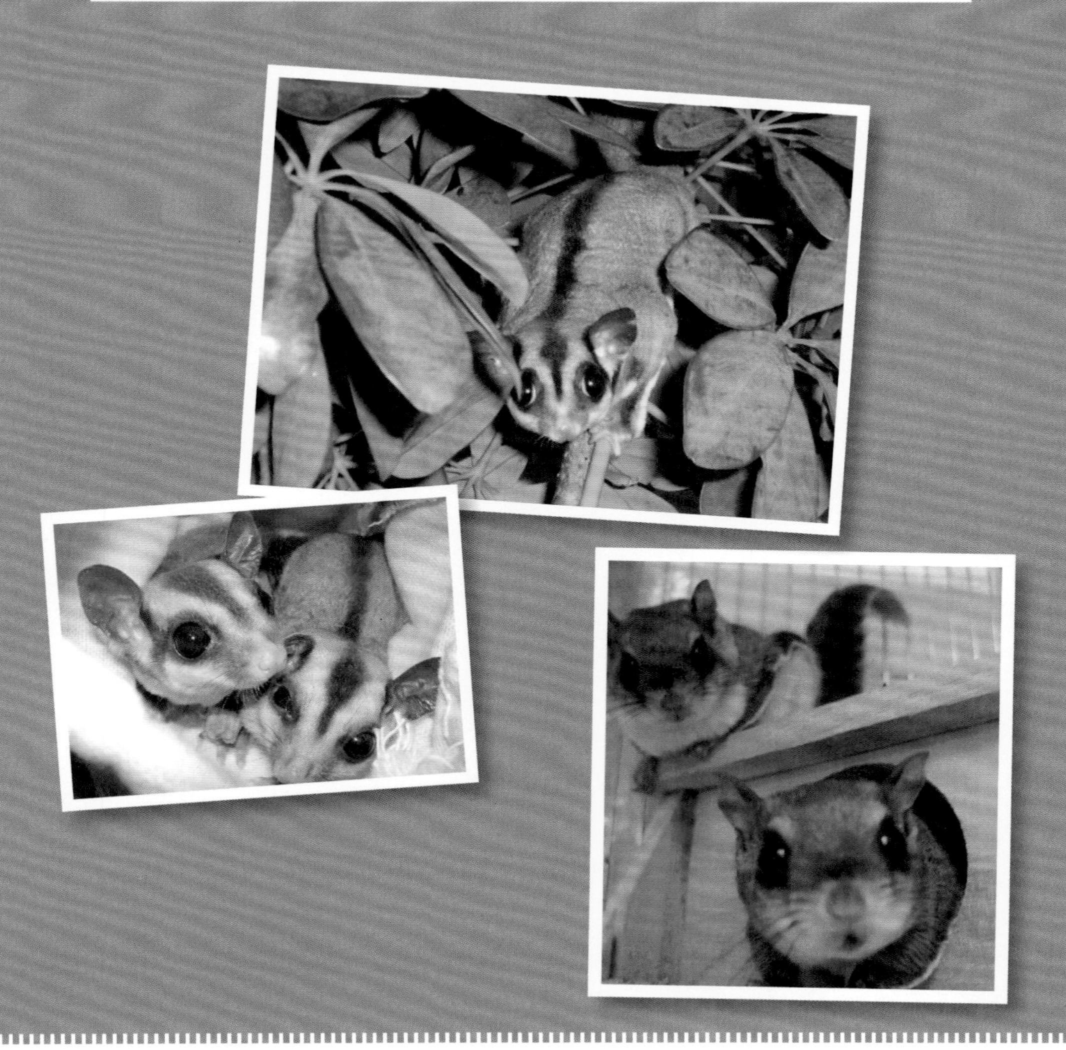

飛鼠的健康

為了健康地度過每一天

對我們飼主來說，寶貝飛鼠們能夠健康長壽，就是最幸福的事了。

由於飛鼠被人們作為寵物的歷史尚短，在飼育方法和疾病方面，目前仍有許多不清楚的地方；而且飛鼠也和貓狗不一樣，不是每家動物醫院都有看診。因此，採取不會讓牠生病的飼養方式，好好進行健康管理也就變得非常重要。

請更加了解飛鼠這種動物吧！萬一牠發出ＳＯＳ的話，請儘早察覺吧！因為能夠守護飛鼠的，就只有身為飼主的你而已。

讓飛鼠健康生活的10個約定

- □ 了解飛鼠的習性和生態。
- □ 了解你家飛鼠的個性。
- □ 整頓成適合的飼育環境。
- □ 給予適合的飲食和乾淨的飲水
- □ 不過胖也不過瘦，維持適當的體型
- □ 採取正確的對待方法
- □ 不要過度給予壓力
- □ 讓牠適當地運動
- □ 定期進行健康檢查
- □ 找個好的動物醫院

事先找好動物醫院

飛鼠是包含在「珍奇寵物」範圍內的動物。牠和貓狗不一樣，不是所有的動物醫院都有看診，而且具有豐富的飛鼠診察經驗的獸醫師也不多。等看牠情況不對勁才急急忙忙地找動物醫院，卻因為臨時找不到而導致回天乏術——這樣的事也可能會發生。最理想的情況是，在從家裡方便抵達的範圍內先確認好有看飛鼠的動物醫院，之後再接飛鼠回家。至少也要在開始飼養後立刻尋找動物醫院。

請在網路上以「珍奇 動物醫院」等關鍵字進行搜尋，或是在電話簿等的廣告頁上尋找寫有「珍奇寵物」、「珍奇動物」的動物醫院，打電話去問問看對方的看診時間。

詢問當初購入飛鼠的寵物店，或是飼主之間的口耳相傳也是很好的情報來源。但如果是這種情況時，難免會因為對方與醫師之間的交情而有參雜一些主觀的評價，這一點請先做好心理準備。

有看飛鼠的動物醫院不見得都剛好在自家附近。不妨事先調查好離家較近、緊急時可以立刻前往的動物醫院，以及公休日錯開的醫院、夜間也有看診的醫院等，就可以更加安心了。

○首先要接受健康檢查

找到有看飛鼠的動物醫院後，就要讓飛鼠接受健康檢查。當然，最主要的目的是要得知飛鼠的健康狀態，但不只是要生病後才接受檢查，了解牠健康時的狀態也很重要。只要調查牠健康時的檢查資料，就能和牠身體不適時做比較。如果對於飼育方法有疑問的話，不僅可以乘機詢問，而且在心情輕鬆冷靜時也可以和獸醫師詳細討論一下。

建議至少一年一次，上了年紀後每半年一次接受健康檢查。

蜜袋鼯的身體構造

眼睛：略微突出的圓圓大眼。就算在黑暗中也能看見東西。（視覺→36頁）

鼻子：嗅覺非常靈敏，鼻子會有點濕濕的。（嗅覺→36頁）

耳朵：聽力很好，大大的耳殼會向音源方向轉動。（聽覺→36頁）

牙齒和嘴巴：牙齒總共有38顆。往前突出的下門牙可以刨開樹皮，但卻不會像囓齒目的飛鼠那樣終其一生不斷生長。舌頭很長，方便舔食花蜜。

鬍鬚：具有觸覺器官的功能，有助於判斷樹洞的入口大小。

四肢：腳長出來的方式很獨特。並不像狗一樣觸地時指尖朝向前方，而是往兩旁長出的，非常適合用來爬樹。

腳趾：前後腳的左右兩邊各有5根腳趾。後腳的第2趾和第3趾（相當於食指和中指）根部連在一起成為「合趾」，具有梳子的作用。後腳的第1趾（拇指）沒有趾甲，相對於其他4根趾頭呈垂直方向生長，可以輕易地抓住樹枝。另外，前腳的第4趾（無名指）很長，可以從樹皮的裂縫中鉤出昆蟲。

尾巴：幾乎和身體一樣長的尾巴在滑翔時具有舵的功能，也可以將少量的巢材用尾巴捲起來搬運。

被毛：被毛是帶有一點藍色的灰色。從鼻尖到尾根處有較黑的條紋，眼睛到耳朵

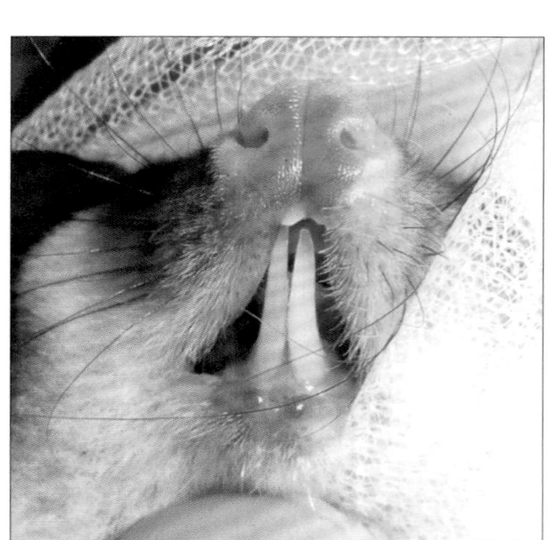

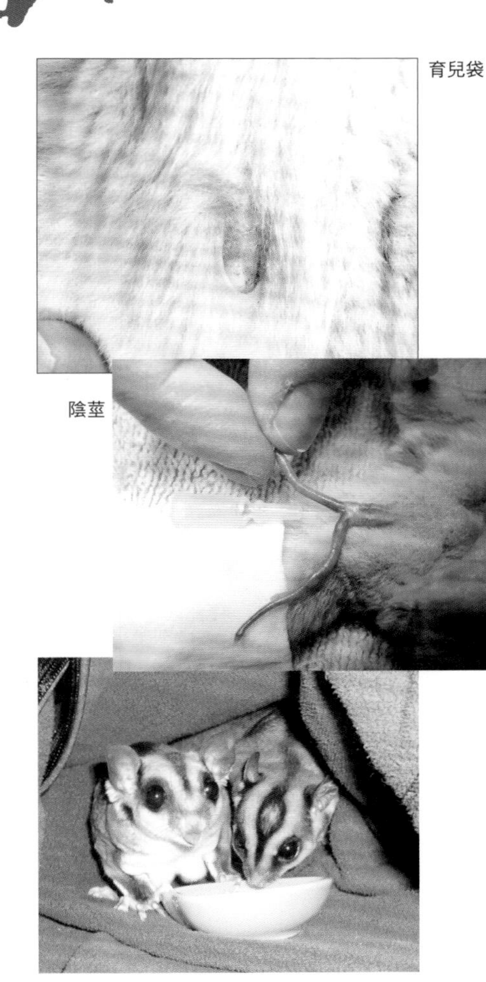

處也有條紋，應該是為了讓眼睛看起來不明顯的偽裝色。毛色有不同的變化（參照第176頁）。

飛膜：從前腳小趾到後腳拇趾、尾根部到後腳小趾有可以伸縮開展的飛膜（參照第41頁）。

泌尿生殖器官：蜜袋鼯有個很大的特徵，就是具有生殖管、尿管、直腸（肛門）皆為同一出口的「泄殖腔」。此外，公鼯的陰莖會在中間分叉，排尿時並非從其前端排出，而是在靠近基部的地方。母鼯的的陰道及子宮各有2個（參照第130頁）。

育兒袋：母鼯具有有袋類動物獨有的育兒袋（參照第11頁、130頁），裡面有4個乳頭。

臭腺：蜜袋鼯的臭腺位於前額腺、胸腺、肛門腺、手腳表面、嘴角及外耳內側。公鼯前額部的臭腺會形成菱形的脫毛部位，非常顯眼；這個部位的臭腺會在1歲～1歲半時出現。另外，胸部的臭腺則可能會有一點點脫毛，或是毛色變成咖啡色等。

消化道：為了藉助微生物的力量來發酵、分解富含於野生狀態下的食物——樹脂中的多醣類，具有很大的盲腸。

排泄物：糞便是10㎜左右的橢圓形，顏色是黑～黑褐色。尿液為偏黃的透明色。

生理數據：心跳數為200～300／分，呼吸數為16～40／分。體溫的直腸溫為36.3℃（泄殖腔溫較低，為32℃）。

壽命：野生下為5～7年，飼育下為12～15年。

身體大小：體長約120～320㎜，尾長150～480㎜，體重平均為110g（也有公鼯為100～160g，母鼯為80～130g的數據）。

美南飛鼠的身體構造

眼睛：又大又圓的眼睛。就算在黑暗中也能看見東西。（視覺→40頁）

鼻子：有靈敏的嗅覺。（嗅覺→40頁）

耳朵：聽力很優秀，大大的耳殼會鎖定音源方向，連小聲音也能聽得一清二楚。（聽覺→40頁）

牙齒：總共有22顆。有4顆（上下各2顆）門牙和6顆（上4顆・下2顆）小臼齒，以及12顆（上下左右各3顆）大臼齒，沒有犬齒。門牙的齒根有開口，養分會不斷供應至此，所以一輩子都會持續生長。由於在琺瑯質中富含鐵和銅，因此牙齒的顏色通常都是黃色的。

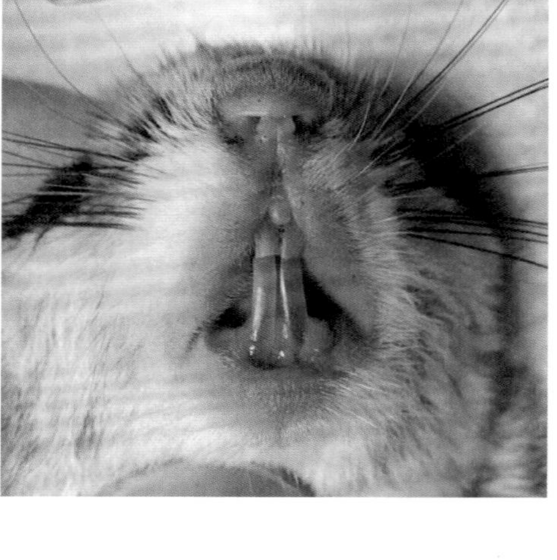

鬍鬚：是可以幫助觸覺的器官。據說美南飛鼠的鬍鬚若與身體大小比較的話，在松鼠類中算是最長的。這個長鬍鬚有助於探測樹洞的寬度；也有人認為，滑翔後要降落於樹幹上時，將鬍鬚往前伸可以保護眼睛，輔助降落。除了臉頰之外，眼睛的上面和下面、下巴下方、前腳等也長有鬍鬚。

四肢：因為幾乎只生活在樹上，所以很不擅長在地上走路，會用蹦跳的方式來走。

腳趾：前腳有4根趾頭，後腳有5根趾頭。前腳的拇趾已經退化，呈現腫塊狀，但卻有助於抓住樹枝和持拿食物。腳底有

分泌物，可以在自己的地盤上，或是樹枝、果實上留下氣味。

尾巴：扁平的尾巴在樹上移動和滑翔時可以保持平衡，滑翔時具有舵的功能，降落時也有助於產生空氣阻力。

被毛：背上是帶有灰色的褐色絨毛，腹部則是白色的。在野生狀態下，在春天和晚夏（早秋）會換毛。

飛膜：從前腳腕部到後腳腕部有飛膜，平常會沿著身體折疊起來。滑翔時，手腕處名為翼手骨（下圖箭頭處）的軟骨會張開，以擴大飛膜的面積。為了減少空氣阻力，飛膜上的毛要比體毛再短一些（參照第41頁）。

排泄物：糞便是4～15㎜左右的橢圓形，顏色是黑～黑褐色。有時會十幾顆一起排出來。尿液為偏黃的透明色。

壽命：野生下為5～6年，飼育下為約10年（也有報告說是15年）。

身體大小：全長約211～257㎜，尾長79～120㎜，體重平均為65.38g。

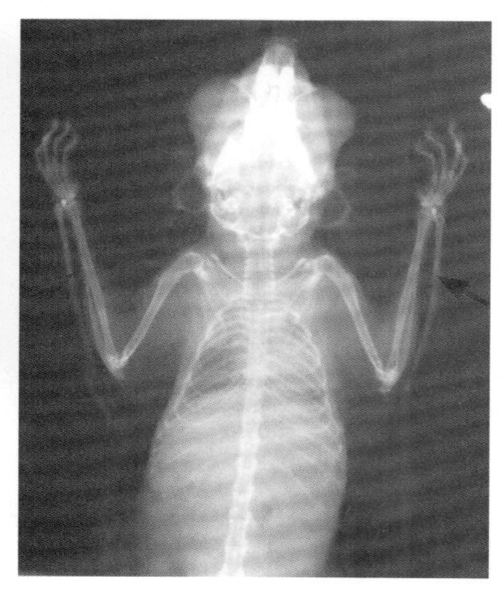

健康檢查的重點

疾病的早期發現・早期治療非常重要。飛鼠不會告訴我們牠的身體不舒服，因此請藉由日常的健康檢查來儘早發現飛鼠的ＳＯＳ信號。不妨在進行日常照料時，養成順便健康檢查的習慣吧！餵食時，從牠吃東西的模樣和食物殘留的情況，就可以知道牠的食慾如何；清理排泄物時也可以檢查排泄物的狀態；此外，從牠遊戲的模樣，也可以看出身體的動作是否有奇怪的地方、有沒有精神等等。如果是已經馴服的飛鼠，也可以一邊撫摸牠的身體各處，一邊檢查看看是否有哪邊出現硬塊等。

可以的話最好每天寫健康日記，若是不方便的話，只在發現有不對勁時記錄就好。如此一來，就可以知道是因為環境的變化造成壓力才讓身體不適的，還是因為餵食了不同於以往的食物才造成下痢的。在動物醫院診察時也可以派上用場。

□**食慾的檢查**：檢查是否有食慾。就算偶爾沒胃口，也不至於會出現給牠最愛的零食也不馬上過來吃，或是一整個晚上都不吃東西的情形。另外，吃東西的方式有沒有怪怪的？有沒有掉得到處都是？還有飲水量的變化也要注意。嘴巴四周如果髒髒的，代表有流口水的情形。

□**排泄物的檢查**：檢查是否有下痢、軟便的現象，或是糞便變小了、量減少了、沒有排便等。糞便的顏色變化也要注意。如果出現像水一樣的糞便就很嚴重了。尿液的量和顏色是否有變化？排泄時是否會疼痛？或是很難上出來等等。

□**行動的檢查**：檢查是否有搖晃不穩、走路笨拙不靈活、拖著後腳、身體無法挺直的現象，以及是否有明明到了活動時間卻一動也不動，或是相反地

突然變得非常躁動而有攻擊傾向的情形。

□**皮膚和被毛的檢查**：是否有脫毛、皮膚出現傷口或皮屑的情形？是否會執拗地一直舔舐身體的同一個部位？身體是否有紅腫或硬塊？飛鼠只要覺得身體不適就不會整理被毛，因此毛流會變得雜亂不整齊。

□**眼睛的檢查**：眼睛有沒有變白？當健康有活力時，眼睛也會閃閃發光而充滿生氣。也要注意是否有出現眼屎、傷口或是因在意眼睛而去搓揉的情形。

□**泌尿生殖器的檢查**：檢查是否有出血或是分泌物？是否有陰莖脫垂（特別是蜜袋鼯）？是否有特別在意下腹部或育兒袋（蜜袋鼯）的模樣？

□**呼吸的檢查**：檢查是否有頻繁地打噴嚏或流鼻水，或是張開嘴巴呼吸、全身用力呼吸的模樣。

□**體重的檢查**：請定期地測量、記錄體重，看看是否有明明是成長期體重卻沒增加，或是明明不是成長期或懷孕期，體重卻直線上升或急速下降等情形。

如果馬上就能摸到脊椎，表示太瘦了。比起過瘦，健壯結實的體格雖然比較有體力，但太胖也會有問題。請注意腹部是否出現了「三層肉」。

□**「和平常不一樣」的檢查**：當與飛鼠朝夕相處的飼主覺得「牠好像有哪邊不對勁」時，或許是真的有問題也不一定。請仔細觀察其他部位的健康狀態，如果有不放心的地方，就上動物醫院接受診察吧！

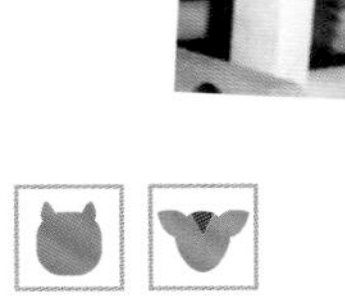

飛鼠的疾病

蜜袋鼯常見的疾病

代謝性骨骼疾病

代謝性骨骼疾病是很常發生在蜜袋鼯身上的疾病，據說佔了蜜袋鼯總疾病的4～5成。所謂的代謝性骨骼疾病，指的是製造骨骼的機制無法順利運作，使得骨骼出現異常的疾病總稱，已知有佝僂病、骨骼軟化症、骨骼疏鬆症等。

一旦身體停止成長，骨骼就不會繼續長長（長粗）了，但骨骼本身卻會不斷地重複破壞與建設，經常製造新的骨骼出來。不過，如果因為某種原因而使得骨骼難以重新製造，骨骼就會變得脆弱、彎曲，成為又鬆又脆的骨頭。骨骼一旦變得脆弱，就會拖著腳走路，或是因為過於鬆脆而一下子就骨折了。

蜜袋鼯罹患代謝性骨骼疾病最大的原因有：鈣質不足、鈣與磷的攝取不均衡、可以促進小腸吸收鈣與磷來製造骨骼的維生素D不足等等。其他像是荷爾蒙異常也是引發代謝性骨骼疾病的原因之一。

在診斷上，可以用X光檢查來確認骨骼的密度和歪斜的情況，並用血液檢查來測定血中的鈣濃度。平常都給予什麼樣的食物也有助於醫師診斷。

症狀：變得不想動、不活潑、不想在籠子裡爬上爬下、後肢癱瘓、四肢癱瘓（不完全癱瘓、完全癱瘓）、關節腫脹、骨骼無法支撐身體而歪向內側或外側、痙攣等等。有時飼主會突然發現牠的後腳突然不能動了。

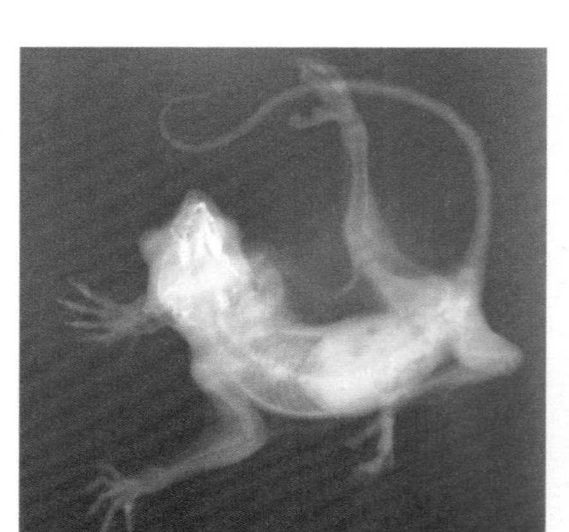

罹患代謝性骨骼疾病的蜜袋鼯。由於骨質密度很低，因此全身的骨骼看起來很不明顯。

代謝性骨骼疾病所導致的後肢癱瘓（蜜袋鼯）。

治療：在投予鈣劑和維生素D_3製劑的同時，也要重新檢視日常的飲食，注意鈣與磷不均衡的情況。依症狀的嚴重性，有時需要改在較低的籠子內飼養，以預防受傷。

預防：給予營養均衡的飲食非常重要。在成長期、懷孕期或哺乳期等特別需要鈣質的時期，更要注意營養的均衡。尤其是幼鼯，由於會在接下來的成長期中形成骨骼和肌肉，因此營養的需求量也會變高，在飲食的質和量上都要比成鼯更加注意才行。

理想的鈣與磷的攝取比例為2～1：1。由於血液中的鈣與磷會取得均衡，因此一旦攝取過多的磷，就會在腸道內與鈣結合而被排泄出去。葵瓜子和水果都屬於鈣與磷的比例不均衡的食物（食物的營養價、鈣與磷的比例→180頁），蜜袋鼯喜歡的麵包蟲也一樣，因此餵食時要先提高營養價後再給予。

也可以輔助性地添加鈣劑和維生素D_3製劑，但是請適量就好。鈣質攝取過剩，或是因為維生素D攝取過剩而使得骨骼中的鈣質溶出，讓血中的鈣濃度增加時，會影響到其他礦物質的吸收，容易造成腎結石。

雖然還不清楚蜜袋鼯的營養需求量，但目前有報告顯示，食物中最好要含有約1％的鈣質、0.5％的磷、1500IU／kg（乾燥重量）的維生素D。另外也要注意脂質過多的問題，因為腸道如果附著脂肪的話，就會妨礙鈣質的吸收。

其他像是適度的運動，也可以預防代謝性骨骼疾病。

早期發現相當重要。請儘早察覺蜜袋鼯的異常舉動吧！只要了解牠平常的模樣，一有不對勁應該就能馬上知道。

目前已知飼養爬蟲類時，使用紫外線燈相當重要。而以蜜袋鼯來說，由於幾乎沒有機會可以沐浴在充足的紫外線下，因此有人認為或許這就是牠們容易缺乏鈣質的原因，但是關於要不要使用紫外線燈則尚未有定論。

自殘

佔了蜜袋鼯總疾病中1～2成的就是自殘了。說它是疾病，倒不如說是因為各種原因而使得蜜袋鼯傷害自己身體的問題行為，要擔心的是外傷或感染症等二次性的問題。不論性別為何，都可能會發生。還有報告顯示，尤其以生後6個月～2年之間，特別是生後9個月左右時最為常見。

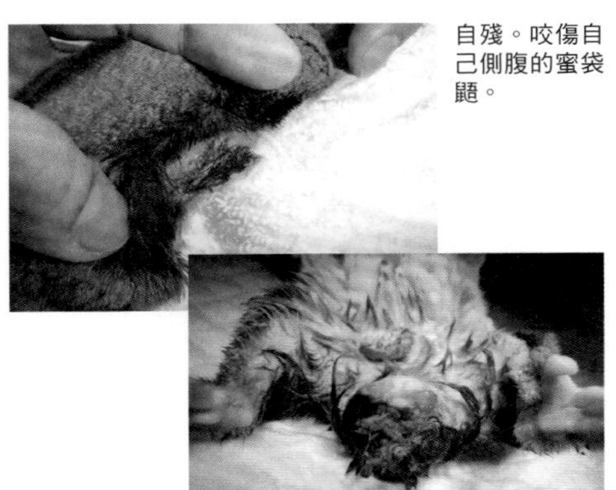

自殘。咬傷自己側腹的蜜袋鼯。

陰部（皮膚、泄殖腔、陰莖整體）與尾部自殘的案例。因為尾部受到嚴重自殘的關係，以前就斷尾了（蜜袋鼯）。

造成自殘的原因除了外傷等身體因素之外，還有心理因素。

因為一點小外傷而讓蜜袋鼯覺得不舒服，於是開始啃咬。被布包或玩具綻開的線纏住而導致血液循環不良、壞死的趾頭、手術後的縫合線或石膏、擦過藥的部位、陰莖脫垂（參照下一項目）、被巢箱等弄受傷的陰莖、尿路感染症或泄殖腔感染了細菌‧原蟲等時、由於腸阻塞而導致不適或疼痛時，這些情況都會讓蜜袋鼯咬自己的腹部。

與同伴或飼主之間缺乏交流、籠子太窄、過於無聊或吵鬧、附近有貓狗等飼育環境不佳時，或是明明尚未馴服，飼主卻對牠過度逗弄而使其產生壓力等，也是造成自殘的原因。也有一些情況是性成熟的公鼯因為沒有可交配的母鼯而欲求不滿，開始自殘；或是過度清理陰莖導致陰莖脫垂，進而開始啃咬。

在出現這些自殘行為之前，可能會有一些徵兆，像是：有氣無力、不想玩、食慾出現變化（沒有食慾或食慾亢進）、睡眠模式改變（到了夜晚也不起來玩，一直在睡；白天則是醒著不睡）、明明沒事卻叫個不停、感覺變得有攻擊性、長時間進行後空翻等刻板行為等等。

症狀：比較常見的是啃咬手腳的趾頭、尾巴、陰部周圍等，只要是嘴巴咬得到的地方都會去咬。不僅是趾尖和尾巴末端，也會往上啃咬到手腳，甚至到尾根部。胸部、腹部、泄殖腔、公鼯的陰莖、陰囊，母鼯的育兒袋等也會成為下口的目標。不單是被毛和皮膚，甚至也會咬到肌肉組織和骨頭。

咬了會痛是理所當然的，即使如此卻還是停不下來，甚至會一邊慘叫一邊啃咬，對飼主而言看了也會非常心痛。

如果患部感染了細菌而引發敗血症的話，很可能會危及性命。請在傷害還不算大時及早治療吧！

治療：依照狀態進行止血、消毒、縫合、投予止痛劑和抗生素等。如果手腳、尾巴或陰莖壞死的話，就必須要進行截肢（由於蜜袋鼯是從陰莖根部排尿的，因此就算將陰莖前端截掉也不會影響排尿）。

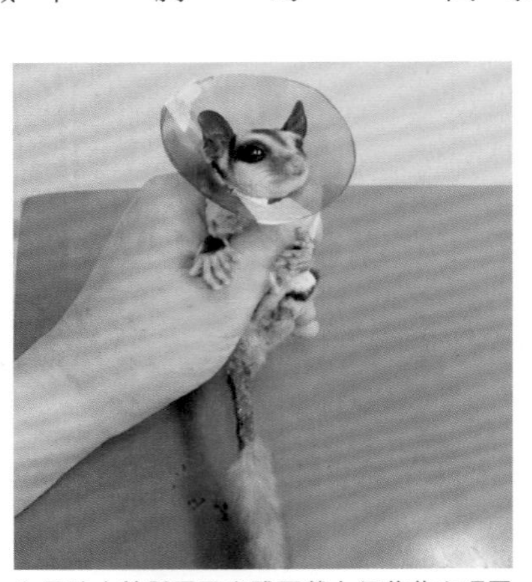

為了防止牠對尾巴自殘而戴上伊莉莎白項圈（蜜袋鼯）。

被線纏住而導致後腳小趾壞死（蜜袋鼯）。

不過，自殘最大的問題在於，就算縫合完畢也不見得就能治好，因為蜜袋鼯可能會因為在意治療的部位而又開始啃咬起來。請改善環境，以減少牠的壓力。

視情況而定，有時可能必須投予精神安定劑。

另外，如果是因為生病才引發自殘的話，就要進行各種檢查（糞便、尿液、X光、血液等的檢查），以便治療。

＊伊莉莎白項圈

也有給牠戴上伊莉莎白項圈，讓牠的嘴巴碰不到患部的方法。自行製作時，可以用透明資料夾等輕便的素材配合頸部的尺寸剪成扇形，在接觸頸部的地方用刷毛布等包起來，以免造成疼痛；把它纏在脖子上，不要太緊，用膠帶固定。也可以用紗布等柔軟的布做成像甜甜圈枕一樣的形狀。

戴上項圈後，因為會妨礙蜜袋鼯在籠裡爬上爬下或是進入布包等的一般行動，因此會讓牠產生壓力。但是考慮到牠可能又會再度自殘，所以至少要戴到傷口痊癒為止。請確認牠是否有正常地吃東西和飲水，若有必要，可進行強迫餵食。另外，如果是和其他隻養在同一個籠子裡時，請隔離至痊癒為止。

預防：最好的預防方法就是更好的環境和充分的交流。不妨迎入新同伴（要注意個性是否合得來），或是好好地騰出時間陪牠一起玩吧！在寬廣的籠子裡飼養、避免讓牠覺得無聊、追加新玩具、改變放置的地點等，這些刺激也是必要的。可以在各種場所進行餵食、將牠愛吃的零食塞入稻草玩具裡等等，不妨思考一下如何才能增加牠的行動模式吧！

不管是對蜜袋鼯來說還是對飼主來說，自殘都是一件讓人身心飽受煎熬的事。不管是多麼細微的變化，只要覺得蜜袋鼯的樣子好像怪怪的，就請慎重地加以觀察吧！

陰莖脫垂

佔了蜜袋鼯所有疾病的1～2成。

蜜袋鼯最大的特徵之一，就是陰莖前端會分叉。一旦性成熟，公鼯的陰莖就可能會一下伸出、一下縮回。原因可能是為了清潔、玩耍或是欲求不滿。如果長時間露出在外的話，陰莖可能會變得乾燥而縮不回去，或是陰莖膨脹、捲入生殖器周圍的毛而縮不回去等。如果能馬上縮回去就沒有問題，但時間一久很可能會壞死。

症狀：陰莖一直露在外面，時間一久而腫成黑紅色、因為壞死而變成黑色、蜜袋鼯因為在意而去舔舐、啃咬等。

治療：在家中因為乾燥而縮不回去時，可以用水噴濕，讓陰莖縮回去。如果是捲入被毛，或是過了很長一段時間時，請帶往動物醫院接受診治。

預防：最重要的是要儘早發現。

消化器官問題（下痢・便祕・腸阻塞）

消化器官的問題，大約佔了蜜袋鼯所有疾病的1～2成。

○下痢

原因有很多。沙門桿菌或大腸桿菌等細菌、梨形鞭毛蟲或毛滴蟲等原蟲，都是造成下痢的主要原因之一。因為無法分解牛奶中的乳糖而下痢，或是餵食新的食物、吃了太多柑橘類等，這些不適當的飲食也會造成下痢。此外，環境的變化和伴隨而來的精神壓力也會影響自律神經，妨礙腸道的正常運作，因而造成下痢。

症狀：出現軟便、下痢便，嚴重的話會混雜血絲，或是水樣便。肛門周圍髒污、因為疼痛而一直蹲著不動、體重減輕、脫水，若是原蟲寄生所引起的，還會伴隨成長遲緩等。

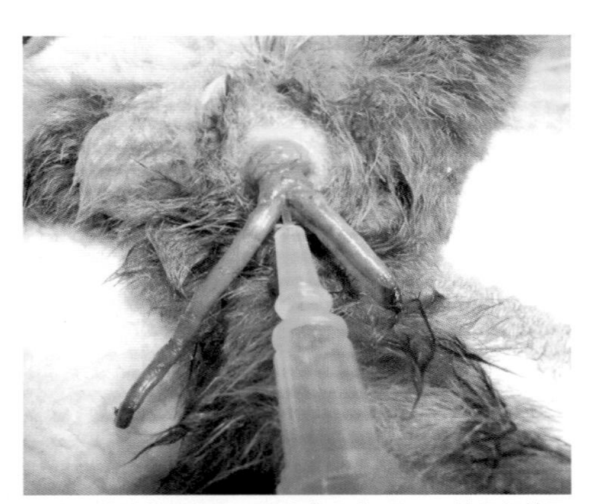

蜜袋鼯的陰莖很特殊，前端會分成2叉。一邊已經壞死了。

陰莖脫垂，陰莖已經壞死了（蜜袋鼯）。

＊梨形鞭毛蟲症、毛滴蟲症

目前已知梨形鞭毛蟲和毛滴蟲等原蟲會寄生在蜜袋鼯的消化道內。

原蟲是一種單細胞的寄生蟲，會在動物體內產下未成熟的卵囊體（像卵一樣的東西），混在糞便裡被排出來。幾天之後，卵囊體就會成熟而在其中製造胞子，成為成熟的卵囊體；若是一不小心吃進去，卵囊體中名為「子孢子」的蟲體就會脫離，在腸內增殖，其中一部分會進行有性生殖，形成卵囊體，又和糞便一起被排出體外——不斷地重複這樣的生命週期。被排出體外的卵囊體感染力可以持續好幾個月，因此如果不徹底清潔的話，又會重複發生感染。

梨形鞭毛蟲和毛滴蟲屬於就算寄生也不會特別作怪的「隱性感染」。但是當身體不適時、壓力嚴重時就會異常增殖，出現腸炎、下痢等症狀。由於蟲卵會混在糞便中被排泄出來，如果接觸到被感染的動物糞便的話，就有被寄生的可能。

＊球蟲症

美南飛鼠經常感染由球蟲所引起的球蟲症。感染途徑如前所述。球蟲有許多種，依照種類的不同，寄生的地方和症狀的嚴重性也會不一樣。目前已知會寄生於美南飛鼠身上的球蟲有Eimeria parasciurorum・E.dorneyi・E. glaucomydis・E.sciurorum等。其中Eimeria屬會寄生於草食性動物身上。

球蟲大多寄生於年輕的飛鼠身上；寄生數量一多，就會引發下痢或成長遲緩等現象。有些種類會引發嚴重的症狀，要是被寄生的話，很可能會導致死亡。即使是成年飛鼠，在免疫力低下時被感染的話就會大量增殖，可能會引發嚴重的下痢而致死。

治療：進行糞便檢查來調查病原體。要是細菌感染就投予抗生素；要是原蟲寄生就投予抗原蟲藥或驅蟲藥等，依照病原體投予適合的藥物。考慮到原蟲的生活週期，驅蟲藥要連續投予7～10天以上。

若是因為下痢而陷入脫水狀態時，就需要打點滴。

飼養多隻飛鼠時，要將確認寄生的個體隔離，直到驅蟲結束為止都要分開飼養。有時連同居的飛鼠也必須一起治療。

預防：請給飛鼠營養均衡的適當飲食。吃剩的東西請在隔天早上取出籠子。沒吃過的新食物要少量地給予，並檢查排泄物的狀態。

籠子要勤加清掃，不要放置排泄物不管。水若是放在碗裡的話，很容易被排泄物等污染，因此要改用飲水瓶來裝水。

飼養多隻飛鼠時，為了避免排泄物中或被排泄物污染的地板材上的蟲卵經由人類而感染給其他飛鼠，確認感染的飛鼠和「檢疫」期間的飛鼠必須留到最後再來進行清潔照料的工作。

○便祕

食量較少、食物中的纖維質不足、水分不足、運動不足、壓力、腸阻塞（參照下一項目）等，都可能是造成便秘的原因。

症狀：排便量少、顯得又小又乾、沒有排便、排便時需要很用力、因為疼痛而哀嚎、腹部脹氣、不喜歡被人摸肚子等。

治療：水分不足時要打點滴。如果和腸阻塞有關的話，就要一併進行治療（參照下一項目）。

預防：給予營養均衡的飲食，如果是因為食量小所造成的，就要加以改善。充分給予新鮮的飲水，確認牠是否有從飲水瓶中喝水。

○腸阻塞

因為某些原因使得消化道的運作停滯，引起腸道中內容物的通過障礙，就稱為腸阻塞。

萬一吃了無法消化的異物、無法通過腸道的大型物體時，就會卡在消化道中。使用布包等布製品時，可能會因為啃咬而將纖維吃下肚，就算每次只有一點點的量，日積月累下來也會造成阻塞。

除了像這樣實際有東西堵住的物理性的腸阻塞之外，也有因為壓力大或水分不足，造成消化道停止運作的機能性的腸阻塞。

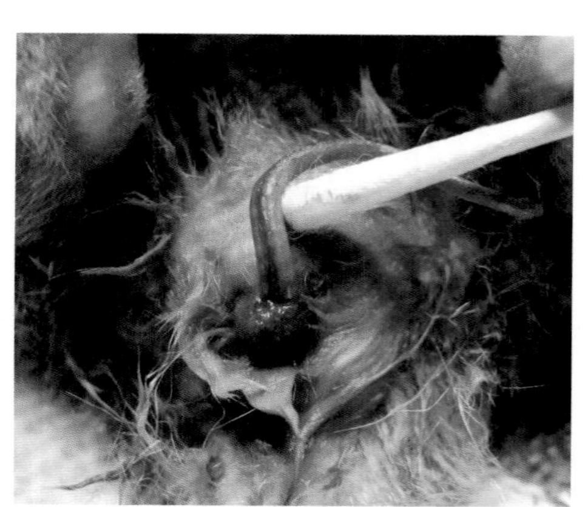

便秘的蜜袋鼯。將卡在泄殖腔中的糞便壓擠出來。粉紅色的是陰莖。

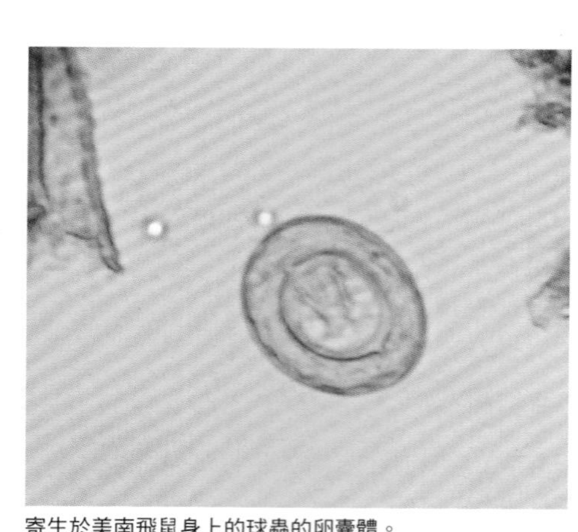

寄生於美南飛鼠身上的球蟲的卵囊體。

症狀：糞便變小、排便量變少、上不出來、排便時似乎會痛、弓著身子一動也不動、不喜歡被人摸肚子、腹部膨脹等。有部分的腸阻塞可能會造成下痢。

治療：置之不理可能會危及性命，請儘早接受診察。視情況必須投予點滴、消化道蠕動促進劑、鎮痛劑、抗發炎劑、抗生素等。如果完全是由異物堵塞所引起的，就必須接受手術。

預防：請注意不要讓牠吞入異物。仔細觀察牠的行動，看牠有沒有去啃咬布包，並且經常檢查布包的狀態。給予營養均衡的飲食，進行飼育管理時，也要隨時留意避免造成蜜袋鼯的壓力。蜜袋鼯原本就很少吃水分較少的東西，因此請避免大量給予乾燥的食品。

白內障（早發性）

這是負責讓眼睛對焦的、名為水晶體的部分變得白濁，使得視力降低的疾病。大家熟知的白內障都是高齡性的，只要上了年紀就會發病；但是蜜袋鼯卻會罹患早發性白內障。目前已知這是先天性的疾病，當母鼯營養不均衡、過於肥胖時，幼鼯就會罹患白內障。

像蜜袋鼯這樣的小動物是很難進行手術的。一旦發病，總有一天會變得失明；幸好蜜袋鼯除了視覺之外，也是很依賴嗅覺和聽覺的動物，因此只要飼育環境不要有急遽的改變，在生活上並不會造成不便。

*肥胖

野生的蜜袋鼯雖然會吃高蛋白質的昆蟲類和糖分較多的花蜜等，但是牠們的運動量也很多，比起所攝取的卡路里，消耗掉的卡路里更多，因此不會發胖。但是，人工飼育的蜜袋鼯不但運動量少，又經常吃高卡路里的飲食，因此很多蜜袋鼯都有發福的困擾。

肥胖不僅關係到幼鼯的白內障問題，也會對心肺造成負擔、容易引發肝臟和胰臟的疾病、對骨骼和關節帶來負擔、因為不便自行整理被毛而罹患皮膚病、易積蓄體熱而變得容易中暑、免疫力低下、手術時會提高風險等，有各式各樣的問題。

並非瘦就是好，最重要的是要給予適合的飲食、讓牠充分地運動、維持長有肌肉的體格。如果肚子的肉鬆垮垮的，或是摸牠的背部時摸不出脊椎的凹凸感，就表示太胖了。請重新檢視飲食內容，下點工夫來增加牠的運動量吧！

罹患早發性白內障的蜜袋鼯兄弟。

症狀：年輕蜜袋鼯的眼睛變得白濁、出現白色的斑點等。

治療：無法完全治癒。

預防：不管要不要繁殖，都要給予營養均衡的飲食，製造讓牠充分運動的機會，注意不要讓牠變得過胖。

後肢癱瘓（外傷性）

如果因為脊椎骨折或脫臼等而造成脊髓神經損傷的話，就會引發「後肢癱瘓」，使得腰部以下癱瘓而無法自由動作。依照脊髓的損傷程度不同，又分成多少還能動一下的「不完全癱瘓」，以及完全無法動彈的「完全癱瘓」。

按照損傷的位置不同，有時會造成排尿困難而必須要強迫排尿，或是反過來會引發尿失禁。

原因通常是蜜袋鼯從高處摔落、被門夾到、被踩到、滑翔時撞到東西等所造成的。幼鼯還不會滑翔，如果將指甲剪得太短，攀爬窗簾等時可能會掉下來，或是想滑翔時卻不能好好用力踏地而造成失敗，這些狀況也可能是原因之一。

萬一脊髓被腫瘤或細菌感染等炎症入侵時，也可能會發生後肢癱瘓。

症狀：拖著後腳、一動也不動、沒有排尿／因為尿失禁而弄髒泌尿器官周圍等。

治療：請儘早帶牠去有看小動物的動物醫院就診。為了避免移動蜜袋鼯，請在塑膠箱裡鋪上不會鉤到趾甲的刷毛布或毛巾，讓牠躺在裡面吧！

如果損傷的程度輕微、在早期就開始治療的話，只要投予類固醇或是重複雷射治療，或許可以恢復機能，但以大多數的情形而言，要恢復是很困難的。

請進行更好的看護，維持蜜袋鼯的生活品質吧（參照第１６９頁）！

預防：放蜜袋鼯出來玩時，最危險或許是人類也不一定。由於牠會在人的腳邊走來走去，因此一定要注意不要踩到牠或是夾到牠。放牠出來玩時，視線一定不能離開牠身上。

美南飛鼠常見的疾病

咬合不正

咬合不正是好發於囓齒目動物和兔子身上的牙齒疾病。

美南飛鼠和西伯利亞小鼯鼠等松鼠的同類，門牙會一輩子持續生長。牙齒在齒根部有一個小孔，血管就由此延伸進入牙齒（牙髓腔），並且供給養分，好讓牙齒生長。像我們人類這種不會一直生長的牙齒，在牙齒生長至某種程度後，齒根部的小孔就會密合，讓牙齒停止生長；但美南飛鼠的門牙因為齒根部的小孔不會密合的關係，所以會一直供應養分，使得牙齒不斷生長。像這樣的牙齒就叫做「常生齒」。

咬合的時候，上顎的門牙會疊在下顎的門牙之前（靠近唇側）。上下門牙都一樣，外側（唇側）是堅硬的琺瑯質，內側（舌側）則是比琺瑯質更為柔軟的象牙質。藉由吃東西時使用牙齒（咬耗），或是上下門牙互相磨合（磨耗）等來削磨牙齒，使其維持在適當的長度。

但是，如果因為某些原因而使得上下門牙咬合不佳時，就無法進行磨耗和咬耗，而會讓牙齒過度生長（牙齒過長）。若是置之不理的話，上顎的門牙就會往內側彎曲（朝口內生長），而下顎的門牙則會朝外側生長，造成最後無法咬合。就像這樣，牙齒朝異常的方向生長，最終導致無法咬合的疾病就叫做「咬合不正」。

造成咬合不佳的理由有：平常有咬籠網的習慣、遭受強烈撞擊牙齒的外傷（參照第１６２頁）、齒根處的感染、遺傳和不適當的飲食等等。

症狀：難以吃東西、變得不吃東西、嘴巴合不起來、生長過度的上顎門牙刺傷口腔、嘴巴周圍被口水弄髒、體重減輕等。由於上顎的齒根會通過鼻腔附近、到達靠近眼窩的地方，因此可能會引發鼻炎和淚腺炎，出現流鼻水和流眼淚的情形。

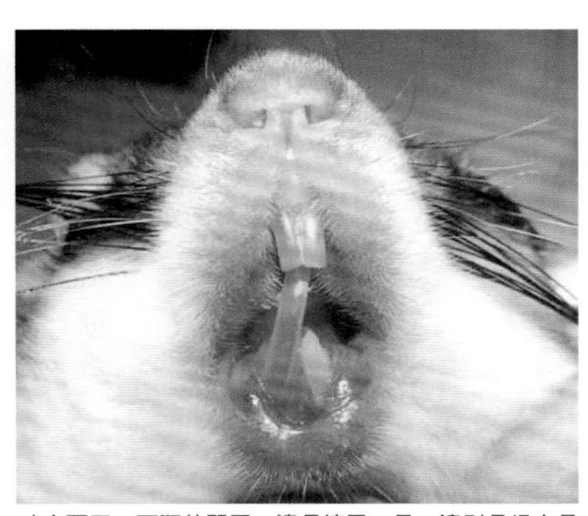
咬合不正。下顎的門牙一邊長壞了，另一邊則長得太長了（美南飛鼠）。

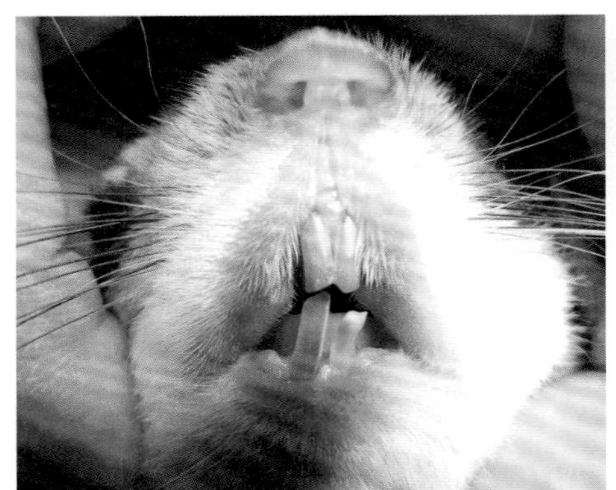
咬合不正。下顎的門牙歪了一邊（美南飛鼠）。

治療：削掉牙齒。一旦發病，就很難恢復到原本的狀態，因此必須要每個月定期削一次左右。

預防：不正咬合的飛鼠請勿用來繁殖。請給予均衡的飲食，並且注意不要讓牠啃咬籠網（營造不會無聊的環境）。

＊蜜袋鼯的牙齒

蜜袋鼯的牙齒並不是常生齒。因此，幾乎不會有牙齒過長或咬合不正的情形；但如果經常吃質地較軟、含有大量碳水化合物的東西時，就很容易堆積牙垢。牙垢會變成牙結石，一旦累積，就會引發牙齦炎和牙周病。藉由食用具有外骨骼的昆蟲，可以達到讓牙垢不易附著的效果。

下痢

請參照第154頁。

腫瘤

腫瘤是指無視於正常運作，持續不斷增殖的細胞聚合體。

腫瘤大致可分為2類。一種是會緩慢地增殖，幾乎不會轉移或復發，和健康組織之間的界線也很清楚的「良性腫瘤」；另一種則是會急遽增殖，與健康組織之間的界線模糊不清，容易轉移和復發的「惡性腫瘤（也就是癌症）」。腫瘤在身體任何一處的細胞組織上都可能會發生。

發生腫瘤的原因有遺傳、物理性・化學性的刺激（化學物質、紫外線、放射線或外傷）、荷爾蒙、免疫系統、病毒和壓力等。老化也是發生腫瘤的重要因素之一。看見有越來越多的飛鼠活得長壽固然令人高興，但也表示罹患腫瘤的飛鼠可能也會增加。

症狀：依照腫瘤的種類而有不同的症狀。體表出現的腫瘤應該很容易發現腫脹或硬塊。一旦病情加遽，就會出現體重減輕或增加、腹部鼓脹、貧血、無精打采等症狀。

治療：會依照飛鼠的年齡、發症部位及狀態（腫瘤的大小和位置、血管的狀況等）、個體的健康狀態而異。如果可以的話，就進行切除手術；若是不行的話，也可以投予抗癌劑、進行免疫療法等。視情況而定，也可以不積極治療，而採用對症療法。要選擇哪一種治療法，請和獸醫師仔細討論過後再決定。

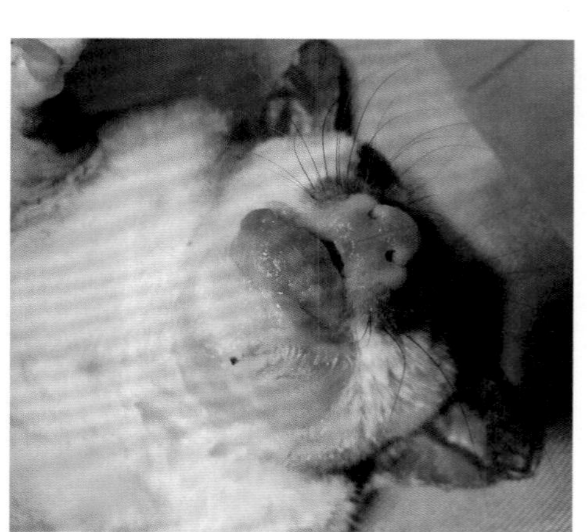

舌頭的腫瘤。整個舌頭都腫起來了（蜜袋鼯）。

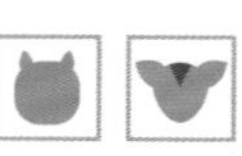

預防：雖然沒有決定性的預防方法，但請留心採取適當的飼養方式，藉以將健康維持在高水準狀態。提高免疫力，或許就能降低罹患腫瘤的風險。由於早期發現可以讓治療方法的選擇更為多樣化，因此請勿輕忽每天的健康檢查。

＊蜜袋鼯和腫瘤

腫瘤也是偶爾會發生在蜜袋鼯身上的疾病，以往曾有蜜袋鼯罹患皮膚的淋巴肉腫的報告。

角膜炎・角膜潰瘍

角膜是眼球最外側的透明薄膜，具有曲折光線的透鏡作用，以及保護眼球的作用。因為位於眼球的最外側，所以很容易受到外部的衝擊而受傷；如果因為外傷、細菌感染等而引起發炎的話，就叫做角膜炎。由於飛鼠的眼睛又大又突出，很容易受傷，必須特別注意。

角膜大致可以分成3層，由外而內分別是「上皮」、「基質」和「內皮」。如果只有上皮損傷時，叫做角膜糜爛；一旦發炎症狀加遽，造成穿孔而侵犯到基質層時，就叫做角膜潰瘍。

發生的原因有：在籠內暴走時撞到、滑翔時撞到玻璃、打架、梳毛時被自己的趾甲刮傷、有小灰塵跑進眼睛、搓揉不慎等。另外，有刺激性的消毒劑、環境不衛生而導致阿摩尼亞濃度變高等，也是讓眼睛發炎的原因之一。

症狀：淚液增加、出現眼屎、眼瞼痙攣、因為角膜受傷而疼痛，所以很在意眼睛、不喜歡被人碰觸眼睛周圍、看著明亮的東西時，會好像很刺眼般地瞇起眼睛眨個不停、角膜變得白濁等。

治療：使用含有抗生素的眼藥膏或眼藥水。

預防：將危險的物品從飼育環境（籠內・室內）中移除。飼養多隻時，要注意觀察是否有打架的情況，必要時予以分開。

出現在生殖器上的腫瘤。從陰部出現了莖狀物（美南飛鼠）。

角膜受傷而呈現白濁狀（蜜袋鼯）。

腹部的腫瘤（美南飛鼠）。

外傷

飛鼠受到外傷的原因有很多。

像是在籠中多隻飼養的飛鼠因為打架而受傷、趾甲被布包的縫線鉤住而斷裂，或是因為奮力掙扎而導致脫臼或骨折、啃咬籠子而導致門牙斷裂等等。

放牠出來房間裡玩時，也可能會發生沒注意到玻璃窗而衝撞（眼球損傷、骨折、門牙斷裂等）、被人踢到或踩到、關門時被夾到、啃咬電線而觸電燒傷、被貓狗等動物咬傷等情況。

症狀：從折斷趾甲流血的輕傷（話雖如此，還是要注意避免細菌感染和自殘），到割傷、擦傷、骨折、脫臼、脊椎損傷所引起的後肢癱瘓（參照第158頁）等重傷，症狀不一而足。

治療：如果是小出血，就用加壓止血法；必要時，為了預防感染，可再投予抗生素；傷口很大時，必須進行縫合。門牙斷裂、牙髓外露時，由於會伴隨疼痛，因此要進行保護牙髓的處置。骨折時，依部位和情況，可採用籠內靜養（藉由限制行動待其自然治癒），或是以髮夾或木板等固定患部（直接固定骨骼之間・在體外固定）等方法。

預防：最好的方法就是留心營造安全的籠內・室內環境。

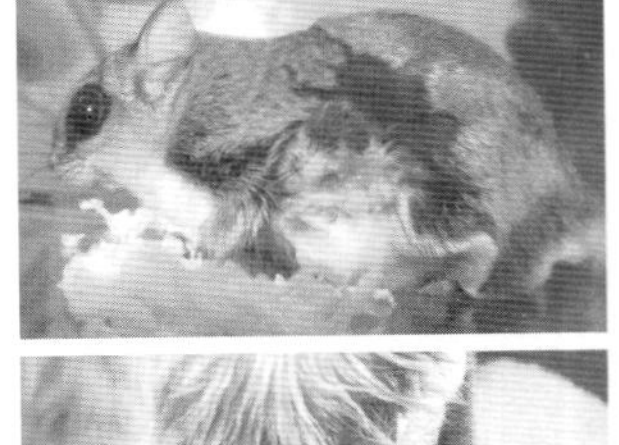
打架所導致的飛膜外傷（美南飛鼠）。

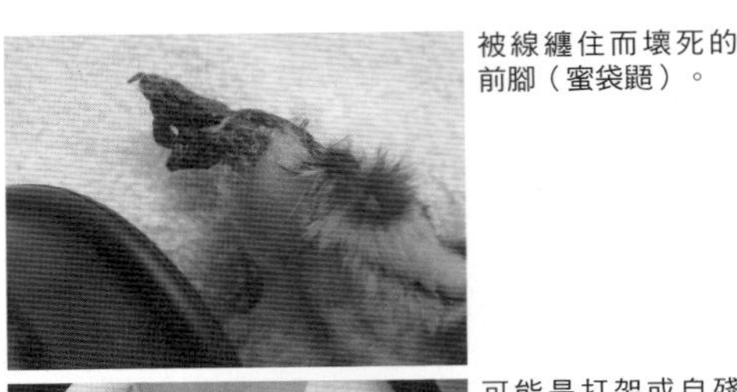
被線纏住而壞死的前腳（蜜袋鼯）。

因觸電而造成的前腳燒傷（蜜袋鼯）。

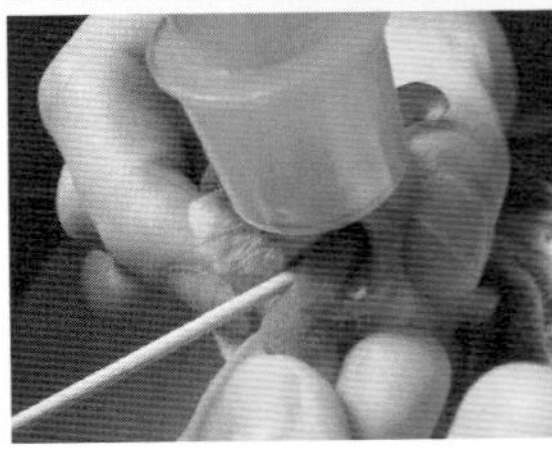
可能是打架或自殘造成的，用舌頭舔出來的傷口（蜜袋鼯）。

飛鼠的其他疾病

膿瘍

膿瘍是指因為積膿而腫脹的「腫包」或「腫瘡」。當打架等傷口被細菌感染，在皮下增殖、積膿後，就會形成膿瘍。

感染的原因並非只有打架而已。有時可能是細菌性皮膚炎進展後形成膿瘍；如果牙齒斷了、牙髓感染細菌的話，就會在齒根部出現膿瘍。目前已知會造成膿瘍的細菌，一般來說是金黃色葡萄球菌、巴斯德桿菌以及綠膿桿菌等。

一旦免疫力降低，或是邁入高齡，就很容易形成膿瘍。請儘量讓飛鼠親近人類，仔細觸摸牠的身體，就可以早期發現。

蜜袋鼯只要覺得身體哪裡怪怪的，就容易有自殘（參照第151頁）的傾向。因此，在傷口可能出現膿瘍之前，或許牠已經開始自殘了。

症狀：皮膚腫脹、症狀加劇時會出現食慾不振、體重減輕等。

治療：由於乍看之下和腫瘤（參照第160頁）很像，因此在判定時可能會以針刺入，進行細胞診斷。治療時要切開患部，將膿液排出洗淨，並投予抗生素。

預防：留心營造安全的飼育環境，預防外傷（參照第162頁）。當有傷口時，為了避免受到細菌感染，要特別注意環境衛生。

由濕性皮膚炎和膿瘍所引起的頸下脫毛（美南飛鼠）。

可在腰部看見的薄毛（蜜袋鼯）。

皮膚病

○濕性皮膚炎

濕性皮膚炎是一種細菌性皮膚炎。細菌性皮膚炎是細菌（葡萄球菌、鏈球菌、巴斯德桿菌等）從皮膚、毛囊、汗腺或傷口入侵，引發感染而成的。原本皮膚有自己的防禦機能，但免疫力一旦降低，原本常在的葡萄球菌等就會異常增殖，脆弱的皮膚就容易受到感染。

濕性皮膚炎會發生在下腹部、顎下、腋下、蜜袋鼯的臭腺附近（胸部）等特別容易潮濕的部位。肥胖也是容易引發濕性皮膚炎的因素之一。

症狀：出現脫毛、皮膚發紅、小膿塊、皮屑、瘡痂、潰爛、膿瘍等。

治療：投予抗發炎劑或抗生素、清潔皮膚。

預防：請留心環境衛生，並且不要讓飛鼠發胖。

○代謝性脫毛

代謝性脫毛是因為體內的代謝途徑異常所引起的脫毛現象。原則上被毛每天都會成長、更新，不過一旦出現代謝異常，被毛就無法順利生長；因為不容易長出新毛，於是脫毛情況就會日益嚴重。引起代謝異常的原因有：日照時間、溫度和濕度、飲食內容及壓力等。

症狀：尾巴、背部、側腹、大腿等處的被毛稀疏、脫落。不會覺得搔癢。

治療：由於飛鼠是夜行性動物，所以一定要有一段讓牠身處黑暗的時間。飼養時，請維持適當的溫度和濕度。由於被毛有生長週期，不一定在環境整理好後馬上就會長出來，大約要花3個月的時間才會長齊，有時或許得等到下一次的換毛期才行。

預防：（與治療相同）

○營養性脫毛

營養性脫毛是營養不均衡的飲食所造成的脫毛現象。由於皮膚和被毛都是由蛋白質所組成的，若是給予低蛋白質的飲食，就會阻礙皮膚和被毛的更新和再生，造成脫毛。缺乏必需脂肪酸和維生素（A、E、B_2、B_3）、礦物質（磷、鋅、鈉、鐵）的不足等，也會影響皮膚與被毛的健康。

症狀：脫毛、有時可能也會產生搔癢、出現皮屑、被毛失去光澤。

治療：改善飲食內容。也可以添加綜合維他命。

預防：請給予營養均衡的飲食。

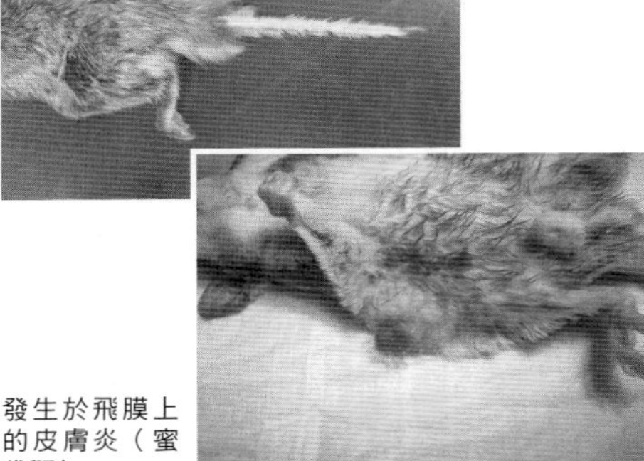

尾巴的脫毛（美南飛鼠）。

發生於飛膜上的皮膚炎（蜜袋鼯）。

呼吸器官疾病

○鼻炎

這是由於受到病毒或細菌的感染，導致鼻腔或副鼻腔出現炎症的疾病。除了感染所引起的之外，上顎門牙長長的齒根末端發炎，刺激到鼻腔時也會導致鼻炎。

症狀：流鼻水（一旦症狀加遽，就會變成像膿液一樣黏黏的）、打噴嚏、為了擦掉鼻水而頻頻清理臉部、從鼻子發出噗咻噗咻的聲音、因為鼻塞而張嘴呼吸。由於是用前腳清理臉部的，所以有時臉乾淨了，但前腳內側卻可能是髒的。

治療：投予抗生素，鼻塞嚴重時要以吸鼻器進行治療。如果是因為門牙太長所導致的，也要一併治療。

預防：請在衛生且通風的環境下飼養。剛購入年幼的個體時，由於免疫力還很低，很容易發病，因此請為牠營造一個清潔的環境。

○肺炎

肺炎是指肺部和支氣管因為感染了細菌或病毒導致發炎的疾病。

炎症較輕時，會引發上呼吸道感染（上呼吸道：鼻子、鼻腔、咽頭、喉頭），一旦症狀加遽，就會引起支氣管炎或肺炎。

環境變化和溫度變化（突然變冷）、在有隙縫風吹進來的場所飼養、在不衛生的環境下飼養等，都是造成肺炎的原因；特別是年幼的個體和免疫力衰退的個體，很容易就會讓病情惡化。

症狀：呼吸時有怪聲、呼吸困難且急促、流鼻水、咳嗽。病情加重時會食慾不振，身體變得衰弱，甚至會死亡。

治療：投予抗生素。視病況以噴霧治療使其吸入支氣管擴張劑，或是放入氧氣室中。有時必須要打點滴或進行強制餵食。

預防：保持飼養環境的衛生。請飼養在通風良好，但不會有隙縫風吹進來的地方。剛迎入不久的小飛鼠，請為牠打造溫暖的環境，並且不要讓牠產生壓力。

關於蜜袋鼯的去勢手術

對於原本就過著群居生活、不管是社會性還是溝通能力都很強的蜜袋鼯來說，單獨飼養會讓其產生極大的壓力。如果考慮到蜜袋鼯的幸福，最好還是能多隻飼養。但是，蜜袋鼯的繁殖很簡單，如果雌雄成對一起飼養的話，會有隻數增加的問題；而且生下來的幼鼯若是和父母住在一起時，還有近親交配的危險。此外，公鼯如果同住在一起，還會互相爭奪地盤，很難相安無事。

要解決蜜袋鼯多隻飼養的問題，最簡便的方法就是讓公鼯接受去勢手術。母鼯的避孕手術很困難，而且也會對身體帶來很大的負擔；相較之下，公鼯的去勢手術不但比較簡單，安全性也比較高。

如果想讓蜜袋鼯接受去勢手術，請務必要和獸醫師詳談。視情況而定，或許還得請對方介紹其他具有這方面手術經驗的獸醫師。

施行去勢手術的時期，最好是在睪丸已經下降到陰囊中、大約出生3～5個月左右之後。

手術後，請特別注意牠的狀況，以免牠因為在意患部而做出自殘行為。另外，手術完畢後不久還是會有性衝動，而且輸精管也可能還殘留有精子，因此手術結束後幾天最好還是和母鼯分開飼養。

蜜袋鼯的去勢手術。將睪丸連同整個陰囊切除。

裝入塑膠箱中，進行麻醉導入。

人與動物的共通傳染病

○什麼是共通傳染病？

人與動物之間可能會相互傳染的疾病，就稱為「人與動物的共通傳染病」（也叫做人畜共通傳染病、Zoonosis）。像是狂犬病、鸚鵡熱、狂牛症等都是有名的例子，其他還有寄生蟲、原蟲、真菌、細菌、病毒等各種病原體，都可能會由動物傳染給人類，或者從人類傳染給動物。

其數量據說大約有１５０至２００種。

至於飛鼠比較為人所知的共通傳染病，則是美南飛鼠的鉤端螺旋體病。

２００５年，日本靜岡縣發生了據說是被美南飛鼠感染而罹患鉤端螺旋體病的２個病例。兩者都不是在一般家庭裡發生的，而是在寵物相關業者的飼育設施裡，因此據推測應該是接觸到了被鉤端螺旋體污染的尿液才會受到感染的。而這件事為何會成為新聞呢？那是因為鉤端螺旋體病在「傳染病防治法」中是屬於「第4類」的重大傳染病。

現在，根據２００３年更改的「傳染病防治法」，只有已經確認不會傳染鉤端螺旋體病等的囓齒目動物才能開放進口到日本。

雖然沒有必要無謂地害怕共通傳染病，但既然要在同一個屋簷下生活、每天接觸，就不能對此一無所知。為了預防傳染，請採取符合常識、適切的飼養方法及對待方法。

○飛鼠與共通傳染病

飛鼠與人類的共通傳染病其實少有報告。這並非代表「沒有共通傳染病」，而是因為我們對這方面還不是很了解的關係。可以舉出來的除了前述的鉤端螺旋體病（美南飛鼠）之外，還有沙門桿菌症等。這是經由糞口傳染而染上沙門桿菌的疾病，連哺乳類、鳥類、爬蟲類、昆蟲都是傳染對象。其他像是皮癬菌症（由黴菌之一的皮癬菌所導致的皮膚病）也經常會由動物傳染給人類。

○如何預防傳染？

・迎入飛鼠時

請向衛生乾淨的店家或飼育業者選購健康的個體，待牠習慣新環境後，再帶牠去動物醫院接受檢查。之後要迎接新個體時，一定要設立一段「檢疫期」。

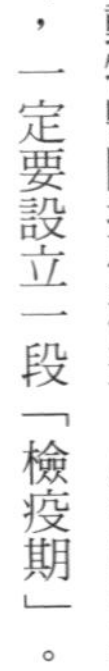

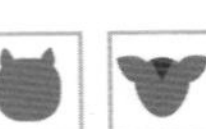

・每天的照顧

無論何時，都要採取能讓飛鼠維持健康的適當飼養法。請經常打掃廁所和籠子周圍，留心營造一個衛生的環境吧！每天進行健康檢查，並且定期上動物醫院接受健康診斷。萬一牠生病的話，請好好讓牠接受治療。

不僅是籠子四周，連室內也要保持乾淨，使用空氣清淨機，或是打開窗戶讓空氣流通吧！

・保護自己

進行完照顧工作或是和牠遊戲過後，請以藥用肥皂洗淨雙手並漱口。就算平常都讓牠在外面自由活動，人在吃飯時也一定要把牠關回籠子裡。由於免疫力一旦降低就容易受到感染，為了維持在健康狀態，自己的健康管理也不能馬虎。老人家、幼兒、病人等由於免疫力較低，請特別注意。

・相互交流

最重要的就是要有「分寸」。就算飛鼠再怎麼可愛，也不要對牠做出親吻之類過於親密的接觸。也不能在和飛鼠遊戲時一邊吃東西，或是用嘴巴餵東西給牠吃。

為了避免被牠咬傷或抓傷，請好好地加以馴服吧！

○覺得不對勁時

萬一覺得身體不適或出現異狀，又想不出可能的原因時，最好在診察時告知醫師「我有養寵物」。否則可能會一直找不出原因，也會浪費診斷和治療的時間。只要不是特別嚴重的傳染病，不見得一定要離開寵物才能治得好。也可以和往來的獸醫師商量，想出一個不管是對人還是對飛鼠都兩全其美的方法。

像是皮癬菌症等疾病，就算飼主再怎麼積極治療，如果寵物不治療的話，就會重複發生感染。請讓人和動物都能維持在健康狀態吧！

飛鼠與過敏

動物的被毛、皮屑、唾液、尿液等都是造成過敏的原因物質（過敏原）。雖然很少有飛鼠造成人類過敏的報告出現，但以往有過敏病史的人在飼養時最好還是要特別注意。雖然可以去專門醫院檢查是否有對動物過敏，遺憾的是，不管是蜜袋鼯還是美南飛鼠，目前都不在抗體檢查的過敏原名單中。為了開始飼養後能確實地養到最後，想要保險一點的話，不妨去有飼養飛鼠的人家裡拜訪，或是去有賣飛鼠的寵物店，觀察一下自己的身體是否有出現變化。

過敏的症狀有像打噴嚏、流鼻水、搔癢等輕微症狀，也有像氣喘或呼吸困難等非常嚴重的症狀。另外，有些過敏的人不會打噴嚏，但被飛鼠的趾甲抓傷的地方卻會產生嚴重的紅腫。

○為了一起生活所做的過敏對策

如果症狀輕微的話，可以和治療過敏的專科醫師請教一下在飼育管理方面的注意事項，就可以和飛鼠愉快地度過每一天了。為了預防過敏情形再度發生，也不妨將下列事項當作參考。

嚴重的過敏會危及生命。這時請不要猶豫，立刻為牠尋找新飼主吧！

- 不要使用比人臉還要高的籠子（這是為了減少吸入過敏原的風險）。
- 區隔生活空間，將飛鼠養在專用的房間裡。
- 勤加清掃飼育設備。
- 進行照料時，請戴上手套、口罩、護目鏡等，並準備一套專用服。
- 即使是輕度的過敏，放飛鼠出來玩時也一定要穿著長袖衣物。
- 經常換氣，或是使用空氣清淨機。
- 照料完畢後，要充分洗淨雙手並漱口。

- 視情況而定，不妨請家人代為照料。
- 隻數越多，過敏症狀就會越嚴重，因此請勿多隻飼養。
- 即使不能和牠一起玩，也可以和牠說說話等，經常關心牠。
- 注意讓自己的健康維持在良好狀態，並且進行過敏的治療。

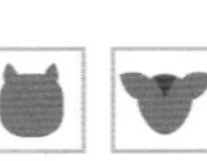

飛鼠的看護

當飛鼠生病時，在家中進行看護是非常重要的。關於治療和看護上的疑問與不安、疾病的過程等等，都不妨和獸醫師商量、討論一番，以便進行最好的看護吧！

○環境的整備

・太冷太熱都會消耗體力，請將室溫維持在飛鼠感覺舒適的範圍內。

・使用寵物保溫墊時，要注意低溫燙傷。

・請讓牠在不吵鬧的環境下安靜休養。

・如果飛鼠很馴服於人的話，為了去除牠的不安，不妨對牠說說話，或是摸摸牠的身體；相反地，尚未馴服的個體就不要過於逗弄牠。

・如果飛鼠有代謝性骨骼疾病或後肢癱瘓等麻痺、癱瘓的情形時，請在不高的飼育箱中進行飼養。為了不讓牠拖在地上的腳受傷，請鋪上柔軟的地板材（這時或許得要將後腳的趾甲剪短）。排泄物要經常清理，萬一癱瘓時，得要協助牠排尿（壓迫排尿／清潔泌尿器官四周）。另外，由於牠沒辦法自己梳毛，所以不妨用梳子幫牠梳理一下。也可以做一些不會對身體造成負擔的伸展運動，並且檢查牠是否有好好地吃飯、喝水。由於蜜袋鼯很容易引發自殘，請務必要仔細觀察。

・有外傷時，為了預防細菌感染，請留心環境衛生。

・當因漏尿或下痢而弄髒睡床上的鋪墊時，請勤加更換。

・因肺炎等而引起呼吸困難時，也可以在氧氣室裡進行看護。請和往來的獸醫師討論，若有必要時就要準備。也可以租借小動物用ＩＣＵ（氧氣室）。

暫時性的方法是：在水槽或塑膠盒的上部覆蓋塑膠布，在其中一個角落開個小洞，將攜帶式氧氣瓶或氧氣鋼瓶的噴出口插進去，送入氧氣。另一側的角落也要開幾個小洞，就能讓氧氣均勻地充滿其中。氧氣的濃度太濃也不好，請視情況來送入氧氣。

・多隻飼養時，若有傳染病就要隔離起來看護。

・若為傳染病，就要避免飛鼠們共用飼育用品。進行照料時，要先從沒被傳染的個體開始進行。

・如果飛鼠們感情很好的話，突然被分開可能會產生壓力。只要不是重病或傳染病，也可以考慮讓牠們依舊住在一起。

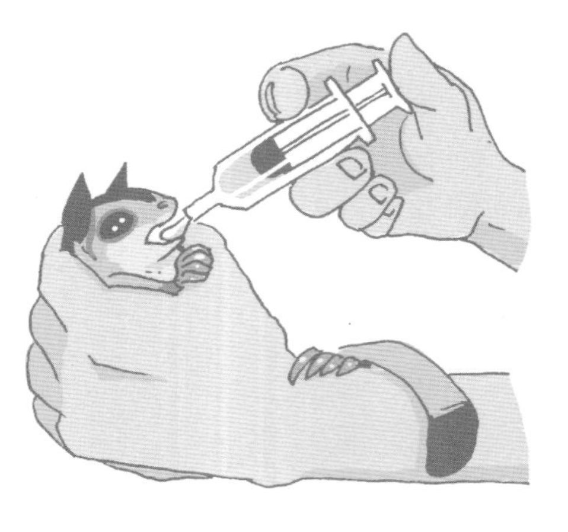

○飲食的給法

・以奶水養大的飛鼠（尤其是蜜袋鼯特別多），大多已經習慣針筒了，但如果是不習慣針筒的飛鼠，最好還是趁牠健康時慢慢給牠習慣。可以在裡面裝牠愛吃的東西，讓牠對針筒抱有好印象。

・食慾低落時，可以準備少量的高卡路里飲食，幫助牠恢復體力。像是愛速康（Isocal）、CLINICARE寵膳液體營養品、Nutri-Cal營養膏、Tube Diet等高卡路里的營養食品等。

・因為有外傷而套上伊莉莎白項圈時，要確認牠這樣是否能進食和喝水。必要時請強迫餵食。

○餵藥

・錠劑的藥片可以用磨藥機或研磨缽磨成粉末後，混在牠愛吃的東西裡。依照藥劑的種類和疾病，有些食物或許不能給牠吃，請和獸醫師討論一下。要用針筒餵牠喝藥水時，請從門牙旁邊插入，一點一點地餵牠喝下去，以免嗆到。如果無論如何都無法讓牠吃藥時，請和獸醫師討論看看是否能改用注射的方法。

・塗抹外用藥膏和眼藥水時，要做好保定，或是給牠要花多一些時間才能吃完的零食，趁牠大快朵頤時塗上去。

高齡飛鼠的照顧

外表看來總是那麼可愛的飛鼠，不知不覺也上了年紀。一旦年齡增長，身體的各個機能就會開始衰退。只要是生物，就無法避免這種變化的來臨，所以請理解牠們會如何變化，試著接受它，整備出更好的環境，儘量讓牠們活得健康長壽吧！不管是蜜袋鼯還是美南飛鼠，在野生狀態下據說很少可以活超過5年，我想這應該是老化的身體已經無法應付在野生狀態下嚴苛的生活環境了吧！作為寵物飼養時，可以以此做為基準，超過5歲後，就要有「牠已經不年輕了」的體認，特別注意身體上出現的變化吧！

○高齡蜜袋鼯的身體變化

- 聽覺、嗅覺等五感開始衰退。視覺原本就不太好了，但也會變得越來越模糊。
- 運動能力衰退，能夠滑翔、跳躍的距離變短了。
- 內臟機能衰退。
- 罹患高齡性白內障、腫瘤等的風險增加了。
- 囓齒目的飛鼠會變得不方便吃硬的東西。可能會出現牙齒過長，或是相反地磨耗過多的情形。
- 由於自己梳毛的頻率降低了，所以被毛很容易糾結、變髒。另外，被毛的再生能力也衰退了，因此毛流會變得很亂。
- 由於免疫力衰退，變得很容易生病，也很難痊癒。
- 骨質減少，骨骼變得脆弱。
- 肌肉量減少，食量也降低而變瘦了。由於肌肉消失而使得背骨一目瞭然，從背後看起來帶有弧度。
- 如果食量沒有改變。但運動量卻減少的話，可能會導致體重增加。
- 難以維持恆常性（體溫調節、荷爾蒙分泌、自律神經等），因為跟不上溫度變化而容易讓身體覺得不適。
- 睡覺的時間變多了。

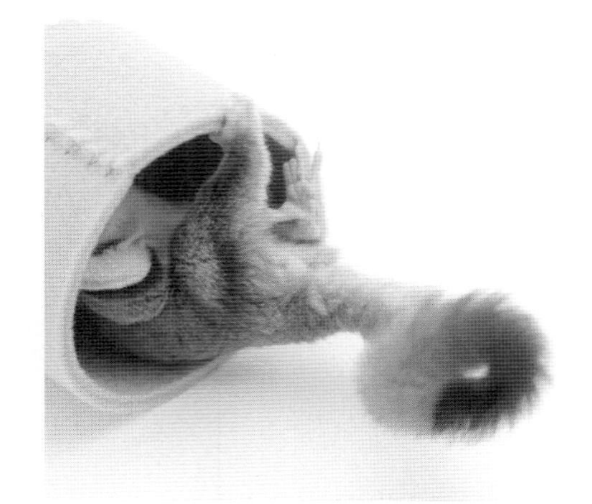

○高齡飛鼠的護理

・營造安全的環境

隨著飛鼠的行動能力出現變化，來為牠布置一個安全的環境吧！如果不運動的話，肌力會越來越衰退。不能因為危險就不讓牠運動，而是要增加棲木和平台的數量，並且鋪上厚厚的地板材，以吸收落地時的衝擊力。

・安穩的生活

請儘量避免急遽的環境變化和溫度變化所帶來的壓力，營造出安穩的生活環境吧！另外，飼主以安穩平靜的心情來對待牠，這一點也很重要。可以給牠一些以前沒吃過的食物，或是讓牠玩一些新玩具等，這些都會是很好的刺激；但進行時請務必要一邊仔細地觀察牠。

・適當的飲食

雖然飛鼠一上了年紀，大多都會變瘦，但也有一些因為不運動反而發胖的個體。請仔細觀察牠的食慾、體重、體格等，再來考量飲食的內容。要將菜單做個大改變時，請少量一點一點地進行更換。如果是直接給予乾飼料時，請多下點工夫，依照飛鼠的牙齒狀態，用水泡軟後給牠吃，或是給牠生餌等嗜口性高的東西。

・健康管理

為了不遺漏身體上出現的變化，請仔細觀察牠的健康狀態。一旦生病，請不要認為牠年紀大了就放棄，立刻帶牠去動物醫院吧！依照飛鼠本身和疾病的狀態，可以採取積極的治療方法，或是選擇將目標放在提高生活品質上。

・告別同伴

或許你曾經有過高齡的配對其中一隻先走一步的經驗。不只是社會性較高的蜜袋鼯，美南飛鼠如果一起飼養時，剩下的一隻也會覺得寂寞。請飼主對牠說說話，騰出時間來陪牠玩遊戲吧！

飛鼠的緊急處理

○中暑

在密閉的悶熱房間裡顯得懶洋洋的，很可能就是中暑了，必須趕快降低體溫才行。把濕毛巾擰乾後放入塑膠袋裡，用來包裹牠的身體。體溫一旦開始下降，速度會非常快，要小心不要冷過頭了。絕對不能用冰水。就算飛鼠恢復了精神，還是需要打點滴，因此請帶牠前往動物醫院吧！

○受傷

如果是小劃傷等只有一點出血時，可以用乾淨的紗布壓住患部，進行加壓止血；如果傷口髒污時，要先洗淨傷口（用針筒等沖水洗淨就行了），之後再進行加壓止血。血止住後，可以放回籠子裡，但要先將籠子清理一遍，以免造成細菌感染。另外，蜜袋鼯只要有一點小傷就會非常在意，容易引發自殘（參照第151頁），請務必仔細觀察牠的狀態。

當傷口較大、出血嚴重時，必須要立即接受治療才行。請洗淨傷口，進行加壓止血，並將牠放入小塑膠盒中限制牠的行動，立刻帶往動物醫院接受治療。

○趾甲剪太短、趾甲折斷

剪趾甲時不小心剪到血管，或是趾尖鉤到布包的縫線或籠子隙縫而卡住折斷時，都會造成出血。請用清潔的紗布加壓止血。目前市面上也有販售趾甲剪太短時的止血劑（貓狗用），但只要加壓止血能把血止住就沒問題了。為了避免細菌感染，要特別注意環境衛生。

○撞到窗戶

飛鼠可能會沒注意到透明的玻璃窗而一頭撞上去。這時請檢查一下牠的眼睛是否有受傷、牙齒是否有撞斷、是否有骨折（行動異常）等。有時會因為衝擊過猛而暫時失去意識，為了保險起見，最好帶往動物醫院接受診察。在這段期間內，請把牠連同布包一起放入較小的籠子中，保持陰暗及安靜。

○骨折

不小心踩到飛鼠，懷疑牠可能骨折時，請將牠放入小塑膠盒中限制牠的行動，儘快接受診察。如果只是小裂痕的話，在狹小的籠子裡生活自然就會痊癒，也不會對日常生活造成影響。開放性骨折（骨頭穿出皮膚）因為感染的危險性較高，脊髓和內臟可能也有損傷，請立刻帶往動物醫院治療。

○陰莖脫垂

蜜袋鼯的公鼯陰莖有時會一直露出在外（陰莖脫垂↓153頁）。變乾後可能會縮不回去，時間一久就有壞死的危險。請用水使其濕潤，好讓牠能縮回去。如果和被毛纏在一起時，請勿勉強行事，還是帶去動物醫院處理吧！

○下痢

室溫較低時，請用寵物保溫墊來加溫。為了改善下痢引發的脫水症狀，可以用針筒或滴管少量地給予方便身體吸收、稀釋過的運動飲料（常溫）。急遽的下痢會一口氣讓飛鼠體力透支，請儘早帶牠接受診察。

○飛鼠的急救箱

為了預防萬一，事先準備好急救箱就可以放心了。在此介紹其中的一部分。

・小塑膠盒（比飛鼠身體大一點的，要讓牠安靜時使用）
・毛巾（強制餵食時用來裹住身體）
・沒有針的針筒（強制餵食時用2.5～5cc的，餵藥時用1cc左右的）
・滅菌紗布、脫脂棉、棉花棒（末端一邊圓一邊尖的）
・紙膠帶、布膠帶
・濕紙巾
・拋棄式手套
・鑷子、夾子、剪刀（末端為圓弧形的小剪刀）
・暖暖包、保冷劑（要放在冰箱冷凍室）
・其他常備藥品請和往來的獸醫師商量討論。

和飛鼠道別

飛鼠的生命畢竟有限，總有一天得和牠道別。雖然很難過，但請抱著感謝能與牠相遇的心情，送牠走完最後一程吧！

・告知往來的獸醫師

如果當時正在治療疾病，請告知往來的獸醫師。這樣可以讓大家對飛鼠有進一步的了解，而這個資訊，或許可以拯救別隻飛鼠的性命。想要知道死亡原因時，也可以要求做病理解剖。藉由清楚了解死因，說不定能夠救活其他的飛鼠（有些人無法接受病理解剖，這個方法不見得適用於每個人）。

・道別的方法

請以自己能接受的方法來進行埋葬。要埋在自家庭院也沒關係（不能埋在公共場所和他人的私有地裡）。其他還有去寵物靈園火葬或納骨（請挑選值得信賴的業者）、委託自治團體的服務等。請用心選擇一個和牠道別的方法吧！

・將你的經驗活用於下次飼養的飛鼠

失去了寶貝飛鼠時，有時會出現一股強大的失落感。這就叫做「寵物喪失症候群」。在寵物去世時，我想每個人或多或少都經歷過這種感覺吧！飛鼠雖然是小動物，但因為和飼主的感情非常親密，所以悲傷的感覺一定更為強大吧！沒有必要壓抑自己的感情，想哭就盡情地哭，時間一久，應該就能帶著微笑回想起和牠一同度過的每一天了。

這時，我們在飛鼠身上所學到的——快樂的事、與病魔戰鬥的經驗、飼育管理的成功和失敗等——希望都能傳達給下一位飼主知道。如此一來，你寶貝的飛鼠就能以某種形式永遠地活下去了。

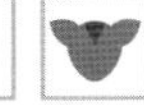

毛色組合＆標準體型

毛色組合

蜜袋鼯的毛色一般都是灰色，但也有褐色系的。在日本雖然還很少見，但其實除了這2種之外，還有很多不同的毛色組合喔！

・**Leucistic**：白色被毛配黑色眼睛。
・**Albino**：白色被毛配紅色眼睛。
・**Creme-ino**：米白色被毛配紅色眼睛。
・**White-Face**：臉是白色的（條紋和耳朵有顏色）。
・**Blond**：沒有摻雜褐色毛，亮灰色的被毛。
・**Platinum**：銀白色的被毛，有黑色或銀色的條紋。
・**Black Beauty**：深灰色的被毛上有黑色條紋，腹部為淺灰色。
・**Lion**：琥珀色的被毛。
・**White Tip**：尾巴末端是白色的。
・**Mosaic**：有白色斑點。
etc.

標準體型（評價基準）

在日本，除了有狗展、貓展之外，最近的兔展也越來越有名了。像這樣子的展覽，每個品種都有不同的標準體型，而審查就是沿著這樣的基準來進行的。在國外的文獻中，有介紹蜜袋鼯的標準體型。只有在50分中拿到40分以上的蜜袋鼯才允許用來繁殖，但要注意的是「氣質」的分數佔了很大的比例。

「**STANDARD CRITERIA**」（評價基準）
http://www.sugargliderpetshop.com/Standard_Criteria.htm

・**體格**（5分，繁殖時至少要有4分）：健康又結實。公鼯比母鼯還大一點點。
・**眼睛**（2分，至少要有1.5分）：又大又圓，兩眼的間距較寬，有清楚的輪廓，表情豐富。
・**耳朵**（2分，至少要有1.5分）：同色或者有點半透明。表面平滑，不會乾乾的像鱗片一樣。稍微有點彈性。
・**尾巴**（5分，至少要有3分）：毛亮豐富而蓬鬆（甚至有點雜亂），長約16.5cm。尾巴有2色，其中3分之1為深色。
・**被毛**（9分，至少要有8分）：光滑而柔軟，具有光澤且毛量豐富。不可以是稀疏而粗糙、毛流不順暢或黏黏的。
・**育兒袋**（至少要有2分）：不會外翻，看起來很健康。
・**動作**（至少要有2分）：靈巧敏捷，具有跳躍能力。至少能滑翔90cm。
・**臉部的骨骼**（3分，至少要有2分）：鼻尖略短一點，頭蓋骨的線條要流暢（不像老鼠，也不像負鼠）。
・**氣質**（20分，至少要有16分）：抱在手上時，可以讓人撫摸牠；不會逃跑，想一直待在飼主身邊，會認人。不會亂咬東西或亂抓東西，也沒有威嚇行為。沒有自殘或其他方面的精神問題，也沒有遺傳性疾病。可以和住在一起的同伴相處融洽。即使不用飼主幫忙，也可以將幼鼯健康活潑地帶大。

information box about sugar glider & flying squirrel

第 9 章

飛鼠情報 BOX

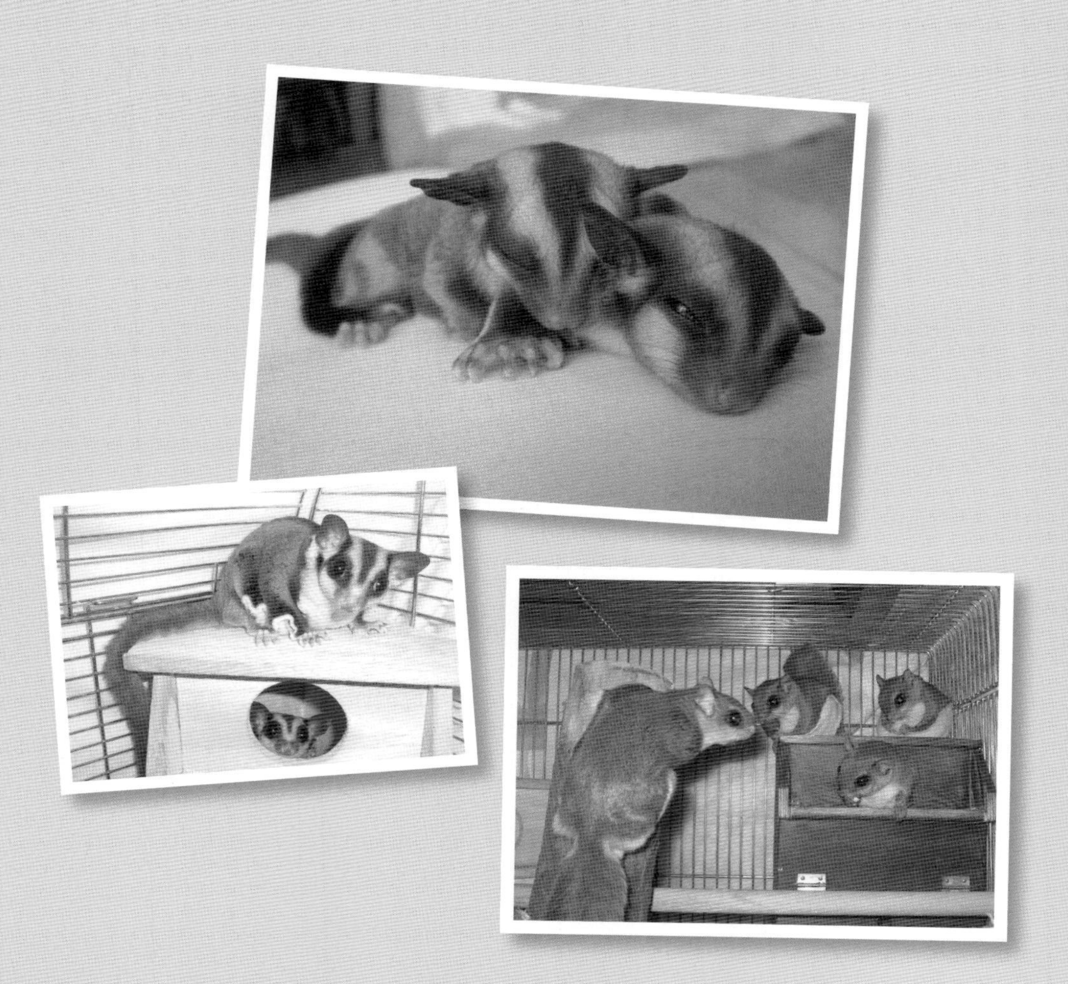

蜜袋鼯專用混合食品的作法

野生的蜜袋鼯會舔食樹汁等。為了這樣的蜜袋鼯著想，不妨來製作液狀的混合食品。由於混合了各種食材，對於挑嘴偏食的蜜袋鼯來說，也是一石二鳥之計。其中最為人所知的就是「Leadbeater's mix」。

● Leadbeater's mix 的作法

材料
熱水 150ml　　蜂蜜 150ml
去殼水煮蛋 1顆
高蛋白質的嬰兒麥片 25g
維生素・礦物質劑 1茶匙

作法
1. 用容器裝熱水，慢慢地一邊加入蜂蜜，一邊攪拌。
2. 在別的容器裡將水煮蛋充分搗碎，讓蛋黃蛋白混合均勻。
3. 將1的一半倒入2中，充分混合後，將剩下的1全部倒進去。
4. 放入維生素・礦物質劑和一半的嬰兒麥片，攪拌均勻後，再倒入剩下的麥片。
5. 將3和4混合攪拌至沒有顆粒為止。
6. 可以將一次餵食的分量分成幾份先冷凍起來，解凍後就可以餵食了。要在3天內食用完畢。

人工哺乳時的授乳次數

●蜜袋鼯

・剛離開育兒袋～ 2 星期
0.3 ～ 0.5 cc，每隔 1 ～ 2 小時餵一次

・2 ～ 4 週
0.5 ～ 1.0 cc，每隔 2 ～ 3 小時餵一次

・4 ～ 6 週
1.0 ～ 2.0 cc，每隔 3 ～ 4 小時餵一次

・6 ～ 8 週
一天 2.0 ～ 4.0 cc
（另外也可以給牠嬰兒食品或較柔軟的成鼯食品）

●美南飛鼠

・～出生後 2 星期
每隔 3 小時餵一次

・2 ～ 4 週
每隔 4 小時餵一次

・4 ～ 6 週
每隔 5 小時餵一次

・到 6 週左右就可以教牠用湯匙而不是用針筒來喝了。也可以將成鼠的食物弄得容易入口，一點一點地餵食。

・過了 8 週左右就可以斷奶了。

麵包蟲的飼養法

不管是蜜袋鼯還是美南飛鼠，活餌都是牠們最喜歡的食物之一。尤其是麵包蟲，因為很容易就能買到，可以隨時給予飛鼠食用。直接餵食的話，營養會不均衡，因此買到後要先餵養一陣子，等營養價值提高後再給飛鼠食用。

1. 將乾燥的麵包粉、弄碎的人工飼料（飛鼠用、鳥用或作為食餌的昆蟲用等）和鈣劑混合均勻，鋪在塑膠盒中作為地板材（厚度約3～5cm）。
2. 將麵包蟲從包裝中取出，移到塑膠盒裡。
3. 將鈣劑灑在水果或蔬菜（蘋果、紅蘿蔔等）上，並將飼料（貓的乾飼料等）泡軟，作為餌料，放在地板材上。
4. 長成成蟲後，為了避免蟲跑出來，要蓋上蓋子。要使用有透氣孔的蓋子，不能完全密閉。
5. 將塑膠盒放在溫度約20℃左右、濕度較低、通風良好、曬不到太陽的地方（不能放進冷藏庫，否則蟲會進入冬眠狀態，停止成長）。
6. 每天都要將吃剩的餌料、脫皮後的殼、死掉的蟲屍等取出，每週更換一次地板材。地板材要隨時保持乾燥狀態。
7. 想增加數量時，可以將蛹移到別的容器裡，使其羽化。如果沒將蛹移出的話，會被幼蟲吃掉，請特別注意。不管是幼蟲、蛹還是成蟲，都可以給飛鼠食用。

●飼養蟋蟀

要餵食爬蟲類專賣店所販售的蟋蟀時，最好也先提高營養價值。在塑膠盒底部鋪上廚房紙巾，再放上折成波浪狀的厚紙板或紙製的雞蛋盒，以增加蟋蟀的居住面積；最後一定要蓋上有透氣孔的蓋子。放在溫度約25℃左右、通風良好的地方。

將作為食餌用的蟋蟀飼料、狗糧、灑上鈣劑的菜渣、小魚乾等放在小碟子上作為餌料，另外再準備一個小碟子，放上用水浸濕的海綿或紗布等。每天都要將吃剩的餌料、脫皮後的殼、死掉的蟲屍等取出，並請每週更換一次地板材。

主要食物的營養價值

	蛋白質（g／100g）	脂肪（g）	纖維（g）	鈣（mg）	磷（mg）
雞胸肉（水煮）	27.3	1.0	0.0	4	220
水煮蛋（全蛋）	12.9	10.3	0.0	52	180
水煮蛋（蛋黃）	16.7	33.3	0.0	150	570
水煮蛋（蛋白）	11.3	微量	0.0	7	11
鵪鶉蛋（水煮）	11.0	14.1	0.0	47	160
小魚乾	64.5	6.2	0.0	2200	1500
低脂乳酪	13.3	4.5	0.0	55	130
加工乳酪	22.7	26.0	0.0	630	730
優格（全脂無糖）	3.6	3.0	0.0	120	100
羊奶	25.0	29.3	0.1	1160	810
貓奶	42.1	28.0	0.1	1110	980
美洲蟋蟀	64.9	13.8	9.4	0.14	0.99
麵包蟲（成蟲）	63.7	18.4	16.1	0.07	0.78
麵包蟲（幼蟲）	52.7	32.8	5.7	0.11	0.77
麵包蟲（蛹）	54.6	30.8	5.1	0.08	0.83
麥皮蟲（幼蟲）	45.3	55.1	7.2	0.16	0.59
蠟蟲（幼蟲）	42.4	46.4	4.8	0.11	0.62
乳鼠	64.2	17.0	4.9	1.17	—（Ca:P比 0.9～1.0:1）
蘋果	0.2	0.1	1.5	3	10
香蕉	1.1	0.2	1.1	6	27
溫室哈密瓜	1.1	0.1	0.5	8	21
芒果	0.6	0.1	1.3	15	12
木瓜	0.5	0.2	2.2	20	11
葡萄	0.4	0.1	0.5	6	15
梨子	0.3	0.1	0.9	2	11
藍莓	0.5	0.1	3.3	8	9
臍橙	0.9	0.1	1.0	24	22
紅蘿蔔	0.6	0.1	2.7	28	25
地瓜	1.2	0.2	2.3	40	46

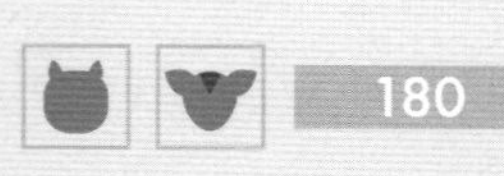

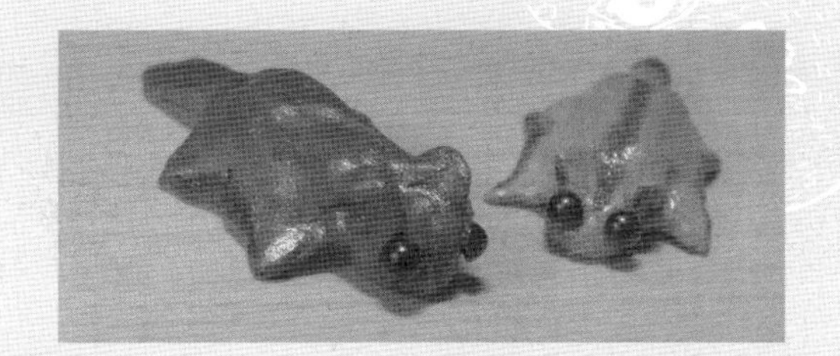

	蛋白質（g／100g）	脂肪（g）	纖維（g）	鈣（mg）	磷（mg）
地瓜（蒸的）	1.2	0.2	3.8	47	42
高麗菜	1.3	0.2	1.8	43	27
油菜	1.5	0.2	1.9	170	45
南瓜	1.9	0.3	3.5	15	43
南瓜（水煮）	1.6	0.3	4.1	14	43
番茄	0.7	0.1	1.0	7	26
葵瓜子	20.1	56.3	6.9	81	830
核桃	14.6	68.8	7.5	85	280
杏仁	18.6	54.2	10.4	230	500
花生	25.4	47.5	7.4	50	380
楓糖漿	0.1	0	0	75	1
蜂蜜	0.2	0	0	2	4
嫩豆腐	4.9	3	0.3	43	81

寵物飼料的營養價值

	粗蛋白（%）	粗脂肪（%）	粗纖維（%）	備考
貓飼料	34.0	16.0	3.5	成長期用
狗飼料	31.8	22.9	3.6	成長期用
雪貂飼料	38.0	18.0	3.5	維持期用
食蟲目動物飼料	28.0	11.0	13.0	
蜜袋鼯飼料	25.3	6.0	5.7	
美南飛鼠飼料	23.0	4.6	4.5～9.0	
吸蜜粉	20.5	3.5	5.5	
實驗動物（小鼠・大鼠用）飼料、長期飼育用飼料（CR-LPF）	16.9	4.2	4.5	

有毒植物表

放飛鼠出來房間遊戲時，也要注意室內擺放的植物。在用來觀賞的美麗觀葉植物中，有些是具有毒性的，即使是沒有毒性的植物，也可能會使用除草劑、化學肥料等，所以請不要讓飛鼠靠近吧！

●植物名稱（有毒的部位）

- 長春藤（葉、果實）
- 杜鵑花（葉、根皮、花蜜）
- 孤挺花（球根）
- 菖蒲（根莖）
- 淫羊藿（整株）
- 紅豆杉（種子、葉、樹體）
- 無花果（葉、枝）
- 鹿蹄草（整株）
- 秋水仙（塊莖、根莖）
- 蕁麻（葉和莖的刺毛）
- 紫茉莉（根、莖、種子）
- 萬年青（根）
- 海芋（草液）
- 桔梗（根）
- 毛地黃（葉、根、花）
- 金鏈花（樹皮、根皮、葉、種子）
- 夾竹桃（樹皮、根、枝、葉）
- 白屈菜（整株，特別是乳汁）
- 聖誕薔薇（整株，特別是根）
- 荷包牡丹（根莖、葉）
- 天堂鳥花（整株）
- 榕樹（果實、樹皮、葉、種子）
- 仙客來（根莖）
- 沈丁花（花、葉）
- 水仙（鱗莖）
- 鈴蘭（整株）
- 博落回（整株）
- 噴嚏菊（整株）
- 刺槐（樹皮、種子、葉）
- 千鳥草（整株，特別是種子）
- 曼陀羅花（葉、整株、特別是種子）
- 地錦（根）
- 黛粉葉（莖）
- 毒芹（整株）
- 番茄（葉、莖）
- 南天竹（整株）
- 刺槐（樹皮、種子、葉）
- 石蒜（整株，特別是鱗莖）
- 風信子（鱗莖）
- 蔓綠絨（根莖、葉）
- 側金盞花（整株，特別是根）
- 秋海棠（整株）
- 聖誕紅（從莖流出的樹汁和葉）
- 鳳仙花（種子）
- 牡丹（乳汁）
- 木蘭（樹皮）
- 龜背芋（葉）
- 虎皮楠（葉、樹皮）
- 美洲商陸（整株，特別是根和果實）
- 羽扇豆（整株，特別是種子） etc……

萬一飛鼠逃跑時……

●如果是在房間裡

□如果門窗原本是開著的，要輕輕地關上。

□把燈關掉看看。是否有聽見哪裡傳來了聲音？

□用裝零食的容器的聲音引誘牠出來。

□打開籠門，在籠子附近和籠中放牠愛吃的東西，然後離開房間，給飛鼠一個自行回家的機會。

□在一個高度是牠跳不上來又具有穩定性的容器（例如大的塑膠籃等）裡，厚厚地鋪上地板材或刷毛布，將牠愛吃的、氣味較重的零食放在裡面。在容器四周擺一些東西，好讓飛鼠能夠爬上去。若是牠為了吃東西而掉進去的話，就可以回收了。

□用小動物專用的捕獲器（選擇不會傷害裡頭動物的類型）。

●如果跑到了外面

□逃跑後極有可能還在附近，請準備籠子、捕蟲網等在四周搜尋。

□在認為牠逃跑的地方附近設置裝有零食的籠子或小動物用捕獲器。

□如果是公寓大樓的話，有可能是透過陽台跑到隔壁去了。

□自家庭院、鄰居的庭院樹木上、植栽中也要搜索。

□告訴鄰居「我們家的飛鼠不見了」，並且準備好照片。

□前往收容飛鼠的人可能會聯絡的地方，告訴他們你正在找飛鼠，並且準備好照片。

□可能會聯絡的地方＝派出所、警察局、保健所、動物保護中心等機構、動物醫院、寵物店、動物園等。

□製作傳單或海報，發給附近鄰居或張貼在可以貼的地方。

□要貼在走路時容易映入眼簾的高度。比視線略低一些，如果是電線桿則要貼在側面。

□要告知（寫上）自己的聯絡處時，不妨順便標明方便聯絡的時間。如果24小時都可以的話，萬一不註明清楚，對方可能會覺得「發現時已經深夜了，還是不要打電話吧！」

●如何避免牠逃跑

□在離開房間前，一定要檢查有沒有可讓牠鑽出去的縫隙。

□在放牠出籠之前，要先檢查門窗是否有關好。

□籠子的網目會不會太大？籠門是否有確實鎖上？

□讓牠充分馴服於飼主。

□在給牠零食前先給牠聽容器打開的聲音，讓牠能對這個聲音有所反應。

參考文獻

Caroline Wightman 著『Sugar Gliders: Everything About Purchase, Nutrition, Behavior, and Breeding』Barrons Educational Series Inc、2008 年
Peggy Brewer 著『Sugar Gliders: Living With and Caring for Sugar Gliders』Authorhouse、2007 年
Katherine Quesenberry DVM、James W. Carpenter MS DVM Dipl ACZM 著『Ferrets, Rabbits and Rodents: Clinical Medicine and Surgery Includes Sugar Gliders and Hedgehogs』Saunders、2003 年
Curt Howard 著『The flying squirrel: King and queen of the pet world』1991 年
「Critters USA（2007 annual）」Fancy Publications、2007 年
「Critters USA（2009 annual）」Fancy Publications、2009 年
David J. Zoffer 著『Feeding Insect Eating Lizards』Tfh Pubns Inc、1995 年
Fredric L. Frye 著『Practical Guide for Feeding Captive Reptiles』Krieger Pub Co（Reissue 版）、1996 年
Anna Meredith 著、Anna Meredith、Sharon Redrobe 編、橋崎文隆ほか訳『エキゾチックペットマニュアル第４版』学窓社、2005 年
D.W. マクドナルド編『動物大百科　第５巻』平凡社、1986 年
D.W. マクドナルド編『動物大百科　第６巻』平凡社、1986 年
川道武男編、日高敏隆監修『日本動物大百科　第１巻』平凡社、1996 年
Drury R. Reavill 編・著、田川雅代訳『臨床病理学と試料採集　エキゾチックアニマル臨床シリーズ　Vol. 4』メディカルサイエンス社、2003 年
Jeffrey R.Jenkins 編著、鈴木哲也、渡辺晋、松井由紀訳『飼育と栄養　エキゾチックアニマル臨床シリーズ　Vol. 2』メディカルサイエンス社、2003 年
Connie J. Orcutt 編著、三輪恭嗣訳『身体検査と予防医学　エキゾチックアニマル臨床シリーズ　Vol. 3』メディカルサイエンス社、2003 年
Hand ほか著、本好茂一監修『小動物の臨床栄養学』マーク・モーリス研究所、2001 年
香川芳子監修『五訂食品成分表 2001』女子栄養大学出版部、2001 年
Devra G. Kleiman ほか編『Grzimeks Animal Life Encyclopedia: Mammals』Gale Group、2003 年
山根義久監修『動物が出会う中毒』鳥取県動物臨床医学研究所、1999 年
「アニファ」スタジオ・エス、1994-2008 年
クリス・ポライト、サンドラ・ポライト著「フクロモモンガ」アニマ、通巻 187 号（4 月号）、1988 年
藤巻裕蔵著「エゾモモンガの飼育観察」哺乳動物雑誌、vol. 2　No. 2、1963 年
手塚甫著「モモンガの習性、特に樹葉の食べ方について」哺乳動物雑誌、vol. 1　No. 6、1959 年
柳川久著「エゾモモンガの生態　北海道十勝平野における一年間の記録」哺乳類科学、39 巻 1 号、1999 年
池田眞次郎著「人工営巣を害するエゾモモンガ」野鳥、2 巻 4 号、1935 年
三輪恭嗣著「モモンガの食餌管理」VEC、vol. 6　No. 2、2008 年
Richard F. Harlow, Arlene T. Doyle 著 "Food Habits of Southern Flying Squirrels (Glaucomys volans) Collected from Red-cockaded Woodpecker (Picoides borealis) Colonies in South Carolina" American Midland Naturalist、Vol. 124, No. 1、1990 年
中野繁ほか著「冬季におけるエゾモモンガ Pteromys volans orii の営巣木の特徴と巣穴の構造」北海道大学農学部演習林研究報告、48 巻 1 号、1991 年
寺山宏著『和漢古典動物考』八坂書房、2002 年
エコ・ネットワーク編『北海道森と海の動物たち』北海道新聞社、1997 年
アダム・カバット『江戸滑稽化物尽くし』講談社、2003 年
池田まき子著『オーストラリア先住民アボリジニのむかしばなし』新読書社、2002 年
加納喜光著『動物の漢字語源辞典』東京堂出版、2007 年
大塚恭男ほか監修『図説東洋医学』学研、1988 年
朝倉無声編纂『見世物研究』ちくま書房、2002 年
梶島孝雄著『日本動物史』八坂書房、2002 年
Renee Knoble "Speicies: Glaucomys volans, Common name: Southern Flying Squirrel" <http://richland.uwc.edu/Depts/Biology/accounts/SFlyingSquirrel.htm> (accessed 2002.05.25)
"Animal Diversity Web" <http://animaldiversity.ummz.umich.edu/site/index.html> (accessed 2010.02.20)
「輸入動物（アメリカモモンガ）に由来するレプトスピラ症感染事例－静岡市（概要）」<http://idsc.nih.go.jp/iasr/26/306/dj306a.html> (accessed 2010.04.22)
Lianne McLeod, DVM "Sugar Gliders as Pets" <http://exoticpets.about.com/cs/sugargliders/a/sgaspets.htm> (accessed 2009.11.03)
Ellen S. Dierenfeld, PhD, Debra Thomas, DVM, Robin Ives, BS "Comparison of Commonly Used Diets on Intake, Digestion, Growth, and Health in Captive Sugar Gliders (Petaurus breviceps)" <http://www.sugar-gliders.com/Sugar-Glider-Diet-Study.pdf> (accessed 2009.11.03)
"Anatomical breakdown" <http://exoticpets.about.com/gi/o.htm?zi=1/XJ&zTi=1&sdn=exoticpets&cdn=homegarden&tm=103&f=11&tt=12&bt=1&bts=1&zu=http%3A//www.isga.org/informationcenter/HealthIssues/anatomicalbreakdown1.htm> (accessed 2009.11.03)
Association of Sugar Glider Veterinarians "Sugar Gliders nad Sugar Bears|Owner Educatuin Materials" <http://www.asgv.org/pet_owners/> (accessed 2009.11.04)
"Flying Squirrel" <http://www.flyingsquirrels.com/> (accessed 2009.11.30)
"Gliderpedia" <http://www.sugarglider.com/gliderpedia/index.asp?Gliderpedia> (accessed 2009.11.03)
"National Flying Squirrel Association" <http://exoticpets.about.com/gi/o.htm?zi=1/XJ/Ya&zTi=1&sdn=exoticpets&cdn=homegarden&tm=979&f=11&su=p948.1.230.ip_&tt=14&bt=1&bts=1&zu=http%3A//www.nfsa.us/> (accessed 2009.11.30)
"Sugar Gliders Information, Sugar Glider Care and Sugar Glider Health" <http://www.smallanimalchannel.com/sugar-gliders/default.aspx> (accessed 2009.11.03)
"Sugar Glider" <http://www.sugargliderinfo.org/> (accessed 2009.11.03)
"SUGAR GLIDERS" <http://www.sugargliderpetshop.com/Sugar_Gliders_.htm> (accessed 2009.11.03)
"Sugar Gliders R Us" <http://sugarglidersrus.com/gliders/> (accessed 2009.11.04)
"Suz' Sugar Gliders" <http://www.suzsugargliders.com/> (accessed 2009.11.04)
"Tim & Ruth's Sugar Glider FAQ's" <http://www.isga.org/informationcenter/BooksandReferences/tim&ruthssugargliderfaq.htm> (accessed 2009.11.04)
"United Sugar Glider Network" <http://www.usgn.info/> (accessed 2009.11.04)
"Poisonous Plants for Dogs" <http://www.biscaywaterdogs.com/Websites/biscay/Images/Poisonous%20plants%20to%20dogs.pdf> (accessed 2010.03.04)

提供照片及協助取材的以下各位，真的非常謝謝你們！（順序不定・敬稱略）

ゆか、mifa、ジェンメイ、ダリア、三田村、あやか、UMA、やっこ、よつば、椿＆しづまき、平嶋ちなみ、ひとみ、MYU、Dao☆、りあん、ケイト、tomoe、中野和幸、ひろりん、Pナッツ、太田家、ankodama、ハヤ、加納由貴、なを子、ゆーちゃ、ＳＡ、あんこ、さぎちゃん、磯谷、ももすけ、モモママ、星野めい、吉岡、古江健太、uni、なび、たっちゃん、押田ダヌ、ゆかり、小田切一恵、ひづき、ぴんぴん、ちひろ、梅ちゃん、ちゃちゃ、みゆき、Mz-Cafe、妖狐、莉奈、ブルーグラス、やまぐち　ひろみ、加納由貴、Caori、Queen aya、うな、きゅん、ちぇい、ふくろアメもんもん、わか、梅なゆ、歩美、ぱっちょ、佐藤グライダー、彩華、奏、ティンカー・ベル、てぃんちゃん、龍威ママ、チュピ、M.さゆり、チョコミント、mochi、ヒロ、勝麻♪、愉乃、ょんりん、奈緒(＾＾)、権乃助、崎山恵

日文原著工作人員

■插圖
太田沙繪

■設計
深澤さおり

■攝影協力（敬稱略・順序不定）
埼玉縣兒童動物自然公園／御岳遊客中心／
東京都恩賜上野動物園／三田村和紀

・SBS Corporation
愛知縣小牧市久保一色南1-65
URL：http://www.sbspet.com/

・ドキドキペットくん
東京都北区堀船2－19－14-3F
URL：http://www.doki2petkun.co.jp/

Note

Note

Note

Note

Note

Note

國家圖書館出版品預行編目（CIP）資料

蜜袋鼯與飛鼠的飼養法/大野瑞繪著；賴純如譯.
-- 二版. -- 新北市：漢欣文化事業有限公司, 2022.09
192面；23X17公分. -- (動物星球；23)
譯自：ザ・モモンガ―フクロモモンガ・アメリカモモンガ 食事・住まい・接し方・医学がわかる
(ペット・ガイド・シリーズ)

ISBN 978-957-686-838-2(平裝)

1.CST: 鼠 2.CST: 寵物飼養

389.62 111012006

有著作權・侵害必究

定價380元

動物星球23

蜜袋鼯與飛鼠的飼養法（暢銷版）

作　　者 / 大野瑞繪　　監　　修 / 三輪恭嗣
攝　　影 / 井川俊彥　　譯　　者 / 賴純如

出 版 者 / **漢欣文化事業有限公司**
地　　址 / 新北市板橋區板新路206號3樓
電　　話 / 02-8953-9611
傳　　真 / 02-8952-4084
郵 撥 帳 號 / 05837599 漢欣文化事業有限公司
電 子 郵 件 / hsbookse@gmail.com
二 版 一 刷 / 2022年9月

本書如有缺頁、破損或裝訂錯誤，請寄回更換

"THE MOMONGA"
by Mizue Ohno, supervised by Yasutsugu Miwa, photo by Toshihiko Igawa
Copyright © 2010 by Mizue Ohno, Toshihiko Igawa
All rights reserved.
Original Japanese edition published by Seibundo Shinkosha Publishing Co., Ltd.

This Traditional Chinese language edition is published by arrangement with Seibundo Shinkosha Publishing Co., Ltd., Tokyo in care of Tuttle-Mori Agency, Inc., Tokyo through Keio Cultural Enterprise Co., Ltd., Taipei County, Taiwan.